# 코로나19 바이러스
# "친환경 99.9% 항균잉크 인쇄"
# 전격 도입

언제 끝날지 모를 코로나19 바이러스
99.9% 항균잉크(V-CLEAN99)를 도입하여 「안심도서」로
독자분들의 건강과 안전을 위해 노력하겠습니다.

시대교육그룹

본 도서는 항균잉크로 인쇄하였습니다.

항균+
99.9%
안심도서

## 항균잉크(V-CLEAN99)의 특징

◉ 바이러스, 박테리아, 곰팡이 등에 항균효과가 있는 산화아연을 적용

◉ 산화아연은 한국의 식약처와 미국의 FDA에서 식품첨가물로 인증받아 **강력한 항균력**을 구현하는 소재

◉ 황색포도상구균과 대장균에 대한 테스트를 완료하여 **99.9%의 강력한 항균효과** 확인

◉ 잉크 내 중금속, 잔류성 오염물질 등 **유해 물질 저감**

## TEST REPORT

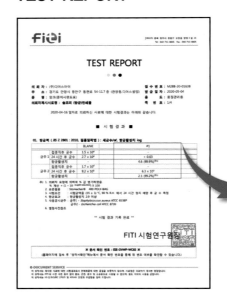

| #1 |
| --- |
| - |
| < 0.63 |
| 4.6 (99.9%)[주1] |
| - |
| 6.3 x $10^3$ |
| 2.1 (99.2%)[주1] |

Clean Zone

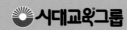

시대교육그룹

수학이 쑥쑥!
코딩이 척척!

# 초등 코딩 CODING
# 수학사고력
# 2단계

초등
3~4
학년

시대교육

# 이 책을 펴내며

## 4차 산업혁명, 인공지능(AI), 소프트웨어, 코딩, 개발자, 융합기술

위의 단어들은 이 책을 펼친 여러분도 많이 들어 보셨던 단어들입니다. 요즘 이 단어들을 빼놓고 미래 사회에 대해 이야기하기란 쉽지 않습니다. 인공지능이 일상 곳곳에 스며들고, 점점 더 많은 사람들이 코딩에 관심을 가지고 있습니다. 또한, 최첨단 융합기술이 여러 매체에서 화려하게 소개되고 있습니다. 기술의 발전에 따라 우리 사회의 구조도 이전과는 다른 모습으로 변화하고 있습니다. 요즘 학생들은 장래희망으로 개발자, 프로그래머, 데이터 과학자를 말합니다.

앞으로 10년, 20년, 30년 뒤 우리는 어떤 세상에 살고 있을까요? 기술은 계속하여 발전하고, 그에 따라 사회는 끊임없이 변화합니다. 이러한 변화무쌍한 미래 사회에 적응하기 위해 우리는 어떤 능력을 길러야 할까요?

미래 사회를 대비한 현재의 소프트웨어 교육은 '정보와 컴퓨팅 소양을 갖추고 더불어 살아가는 창의 · 융합적인 사람'을 기르고자 합니다. 여기서 창의 · 융합적인 사람은 자신이 가진 '컴퓨팅 사고력'을 활용하여 여러 문제를 해결할 수 있는 창의 · 융합적 능력과 협력적 태도를 가진 사람입니다.

지금 내가 소프트웨어 교육 시간에 익히는 코딩 기술이 20년 뒤에도 여전히 통용되리라고는 장담할 수 없습니다. 하지만 학습 과정에서 익힌 사고의 힘, 사고력만은 미래에도 그 가치가 빛날 것입니다. 즉, 우리가 학습의 과정에서 키워야 하는 것은 "사고력" 입니다. 튼튼한 사고력이 바탕이 되어야 창의적 문제해결력이 빛을 발하는 문제를 풀고, 블록코딩을 하고, 앱을 개발하며, 시스템을 구축하는 모든 일들을 멋지게 해낼 수 있습니다.

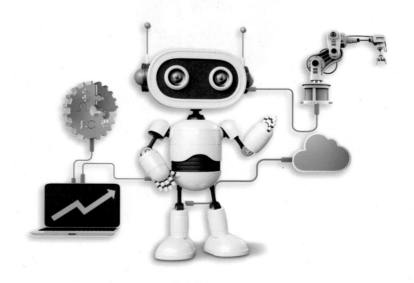

사고력이란 무엇이고 어떻게 기를 수 있을까요?

힌트를 드리겠습니다. 아래의 표에서 수학적 사고력과 컴퓨팅 사고력의 공통점을 찾아보세요.

| 수학적 사고력 | 컴퓨팅 사고력 |
| --- | --- |
| 수학적 지식을 형성하는 과정 중 생겨나는 폭넓은 사고 작용 | 컴퓨팅의 개념과 원리를 기반으로 문제를 효율적으로 해결할 수 있는 사고 능력 |
| • 수학적 지식을 활용하여 문제 해결에 필요한 정보를 발견 · 분석 · 조직하기<br>• 문제 해결에 필요한 알고리즘 및 전략을 개발하고 활용하기<br>• 수학적으로 추론하고 그에 대한 타당성을 검증하고 논리적으로 증명하기<br>• 수학적 경험을 바탕으로 수학적 지식의 영역을 넓히기 | • 문제를 컴퓨터에서 해결 가능한 형태로 구조화하기<br>• 알고리즘적 사고를 통하여 문제 해결 방법을 자동화하기<br>• 자료를 분석하고 논리적으로 조직하기<br>• 효율적인 해결 방법을 수행하고 검증하기<br>• 모델링이나 시뮬레이션 등의 추상화를 통해 자료를 표현하기<br>• 문제 해결 과정을 다른 문제에 적용하고 일반화하기 |

사고력을 기르기 위해 우리는 내가 알고 있는 지식을 동원하여 문제를 해결하는 과정을 거쳐야만 합니다. 문제를 구조화하고, 추상화하고, 분해하고, 모델링 해 보는 과정을 거치며, 문제 해결에 필요한 알고리즘을 구합니다. 문제를 해결하기 위해 알고리즘을 적용하고 수정하는 과정에서 사고의 세계는 끊임없이 확장됩니다.

이 책은 코딩의 개념이 살며시 녹아든 창의사고 수학 문제들을 학생들이 풀어 보면서 사고력을 기르는 것을 궁극적인 목표로 삼고 있습니다. 문제에는 컴퓨팅 시스템, 알고리즘, 프로그래밍, 자료, 규칙성 등이 수학과 함께 녹아들어 있습니다. 다양한 문제를 해결해 보는 과정에서 사고력이 자라나는 상쾌한 자극을 느껴 보세요.

학교 현장에서 수많은 학생들과 창의사고 수학 및 SW 교육을 하며 느낀 것은 사고력이 뛰어난 학생들은 다양한 분야에서 재기 발랄함을 뽐낸다는 것입니다. 문제에 대해 고민하고, 해결을 시도하고, 방법을 수정하고, 완성하며 여러분의 사고력 나무가 쑥쑥 자라 미래 사회 그 어디에서도 적응할 수 있는 든든한 기둥으로 자리매김하기를 바랍니다.

2021년 11월

**저자 일동**

# 교육과정에 도입된 소프트웨어 교육은 무엇일까?

## 📁 소프트웨어 교육(SW 교육)은 무엇인가요?

기본적인 개념과 원리를 기반으로 다양한 문제를 창의적이고 효율적으로 해결하는 컴퓨팅 사고력(Computational Thinking)을 기르는 교육입니다.

## 📁 소프트웨어 교육, 언제부터 배우나요?

초등학교 1~4학년은 창의적 체험 활동에 포함되어 배우며 5~6학년은 실과 과목에서 본격적으로 배우기 시작합니다. 중학교, 고등학교에서는 정보 과목을 통해 배우게 됩니다.

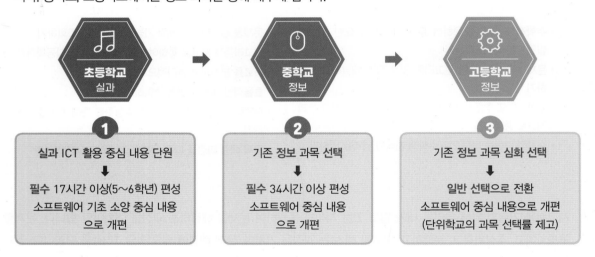

|  |  |  |
|---|---|---|
| **초등학교** 실과 | **중학교** 정보 | **고등학교** 정보 |
| **1** | **2** | **3** |
| 실과 ICT 활용 중심 내용 단원 ↓ 필수 17시간 이상(5~6학년) 편성 소프트웨어 기초 소양 중심 내용으로 개편 | 기존 정보 과목 선택 ↓ 필수 34시간 이상 편성 소프트웨어 중심 내용으로 개편 | 기존 정보 과목 심화 선택 ↓ 일반 선택으로 전환 소프트웨어 중심 내용으로 개편 (단위학교의 과목 선택률 제고) |

## 📁 초등학교에서 이루어지는 소프트웨어 교육은 무엇입니까?

체험과 놀이 중심으로 이루어집니다. 컴퓨터로 직접 하는 프로그래밍 활동보다는 놀이와 교육용 프로그래밍 언어를 통해 문제 해결 방법을 체험 중심의 언플러그드 활동으로 보다 쉽고 재미있게 배우게 됩니다. 그 후에는 엔트리, 스크래치와 같은 교육용 프로그래밍 언어와 교구를 활용한 피지컬 컴퓨팅 교육으로 이어집니다.

놀이 중심 활동 (언플러그드) → 교육용 프로그래밍 언어 활용 교육 → 교구 활용 교육 (피지컬 컴퓨팅)

※ **언플러그드**: 컴퓨터가 필요 없으며 놀이 중심으로 컴퓨터 과학의 기본 원리와 개념을 몸소 체험하며 배우는 교육 방법입니다.

※ **피지컬 컴퓨팅**: 학생들이 실제 만질 수 있는 보드나 로봇 등의 교구를 이용하여 SW 개념을 학습하는 교육 방법입니다

## 📁 초등학교에서 추구하는 소프트웨어 교육의 방향은 무엇입니까?

궁극적인 목표는 컴퓨팅 사고력을 지닌 창의 · 융합형 인재를 기르는 것입니다. 과거에 중시하였던 컴퓨터 자체를 활용하는 능력보다는, 컴퓨터가 생각하는 방식을 이해하고 일상생활에서 접하는 문제를 절차적이고 논리적으로 해결하는 창의력과 사고력을 길러 창의 · 융합형 인재를 양성하는 데 그 목적이 있습니다.

## 📁 컴퓨팅 사고력이란 무엇입니까?

컴퓨팅의 기본적인 개념과 원리를 기반으로 문제를 효율적으로 해결할 수 있는 사고 능력을 뜻합니다.

### 〈 컴퓨팅 사고력의 구성 요소 〉

❶ 문제를 컴퓨터로 해결할 수 있는 형태로 구조화하기

❷ 자료를 분석하고 논리적으로 조직하기

❸ 모델링이나 시뮬레이션 등의 추상화를 통해 자료를 표현하기

❹ 알고리즘적 사고를 통하여 해결 방법을 자동화하기

❺ 효율적인 해결 방법을 수행하고 검증하기

❻ 문제 해결 과정을 다른 문제에 적용하고 일반화하기

### 💬 컴퓨팅 사고력과 수학적 사고력은 무슨 관련이 있나요?

수학적 사고력이란 수학적 지식을 형성하는 과정 중 생겨나는 폭넓은 사고 과정을 뜻합니다. 즉, 수학적 지식을 활용해서 문제 해결에 필요한 정보를 발견 · 분석 · 조직하고, 문제 해결에 필요한 알고리즘 및 전략을 개발하여 활용하는 것을 의미합니다. 이는 컴퓨팅 사고력과 밀접한 관련이 있습니다. 왜냐하면, 결국 수학적 사고력과 컴퓨팅 사고력 모두 실생활에서 접하는 문제를 발견 · 분석하고, 논리적인 절차에 의해 문제를 해결하는 능력이기 때문입니다. 초등학교 소프트웨어 교육의 목표 또한 실질적으로 프로그래밍하는 능력이 아닌 문제를 절차적이고 논리적으로 해결하는 것이므로, 이러한 사고력을 기르기 위해 가장 밀접하고 중요한 과목이 바로 수학입니다. 따라서 수학적 사고력을 기른다면, 컴퓨팅 사고력 또한 쉽게 길러질 수 있습니다. 논리적이고 절차적으로 생각하기. 이것이 바로 수학적 사고력의 핵심이자 컴퓨팅 사고력의 기본입니다.

# 교육과정에 도입된 소프트웨어 교육은 무엇일까?

📁 **문제마다 표기되어 있는 수학교과역량은 무엇을 의미합니까?**

수학교과역량이란 수학 교육을 통해 길러야 할 기본적이고 필수적인 능력 또는 특성을 말합니다. 『2015 개정 수학과 교육과정』에서는 수학과의 성격을 제시하면서 창의적 역량을 갖춘 융합 인재를 길러내기 위해 6가지 수학교과역량을 제시하고 있습니다.

**① 문제 해결**

문제 해결 역량이란 해결 방법을 모르는 문제 상황에서 수학의 지식과 기능을 활용하여 해결 전략을 탐색하고, 최적의 해결 방안을 선택하여 주어진 문제를 해결하는 능력을 의미합니다.

**② 추론**

추론 역량이란 수학적 사실을 추측하고 논리적으로 분석하고 정당화하며 그 과정을 반성하는 능력을 의미합니다.

**③ 창의 · 융합**

창의 · 융합 역량은 수학의 지식과 기능을 토대로 새롭고 의미있는 아이디어를 다양하고 풍부하게 산출하고 정교화하며, 여러 수학적 지식, 기능, 경험을 연결하거나 타 교과나 실생활의 지식, 기능 경험을 수학과 연결, 융합하여 새로운 지식, 기능 경험을 생성하고 문제를 해결하는 능력을 의미합니다.

**④ 의사소통**

의사소통 역량은 수학 지식이나 아이디어, 수학적 활동의 결과, 문제 해결 과정, 신념과 태도 등을 말이나 글, 그림, 기호로 표현하고 다른 사람의 아이디어를 이해하는 능력을 의미합니다.

**⑤ 정보 처리**

정보 처리 역량은 다양한 자료와 정보를 수집, 정리, 분석, 해석, 활용하고 적절한 공학적 도구나 교구를 선택, 이용하여 자료와 정보를 효과적으로 처리하는 능력을 의미합니다.

**⑥ 태도 및 실천**

태도 및 실천 역량은 수학의 가치를 인식하고 자주적 수학 학습 태도와 민주 시민 의식을 갖추어 실천하는 능력을 의미합니다.

▶ 참고: 소프트웨어 교육 학교급별 내용 요소

| 영역 | 초등학교 | 중학교 |
|---|---|---|
| 생활과 소프트웨어 | **나와 소프트웨어**<br>• 소프트웨어와 생활 변화 | **소프트웨어의 활용과 중요성**<br>• 소프트웨어의 종류와 특징<br>• 소프트웨어의 활용과 중요성 |
| | **정보 윤리**<br>• 사이버공간에서의 예절<br>• 인터넷 중독과 예방<br>• 개인정보 보호<br>• 저작권 보호 | **정보 윤리**<br>• 개인정보 보호와 정보 보안<br>• 지적 재산의 보호와 정보 공유 |
| | | **정보기기의 구성과 정보 교류**<br>• 컴퓨터의 구성<br>• 네트워크와 정보 교류* |
| 알고리즘과 프로그래밍 | **문제 해결 과정의 체험**<br>• 문제의 이해와 구조화<br>• 문제 해결 방법 탐색 | **정보의 유형과 구조화**<br>• 정보의 유형<br>• 정보의 구조화* |
| | | **컴퓨팅 사고의 이해**<br>• 문제 해결 절차의 이해<br>• 문제 분석과 구조화<br>• 문제 해결 전략의 탐색 |
| | **알고리즘의 체험**<br>• 알고리즘의 개념<br>• 알고리즘의 체험 | **알고리즘의 이해**<br>• 알고리즘의 이해<br>• 알고리즘의 설계 |
| | **프로그래밍 체험**<br>• 프로그래밍의 이해<br>• 프로그래밍의 체험 | **프로그래밍의 이해**<br>• 프로그래밍 언어의 이해<br>• 프로그래밍의 기초 |
| 컴퓨팅과 문제 해결 | | **컴퓨팅 사고 기반의 문제 해결**<br>• 실생활의 문제 해결<br>• 다양한 영역의 문제 해결 |

※ 중학교의 "*"표는 〈심화과정〉의 내용 요소임
※ 출처: 소프트웨어 교육 운영 지침(교육부, 2015)

# 구성과 특징점

| 초등코딩 수학 사고력의 **체계적인 구성** | 초등코딩 수학 사고력의 **특별한 장점** |
|---|---|

## CHECK1

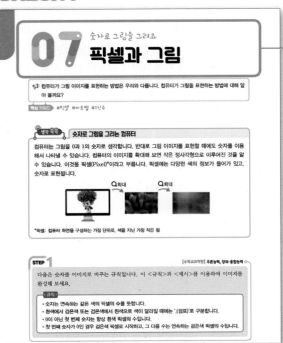

### 주제별, 개념별로 정리하였습니다.

▶ 📢
학습하게 될 내용을 간략하게 소개하였습니다.

▶ 핵심 키워드
반드시 알아 두어야 할 핵심 키워드! 기억해 두세요!

▶ [수학교과역량]
문제를 해결하면서 향상될 수 있는 수학교과역량을 알 수 있어요!

▶ **STEP 1, STEP 2**
주제와 개념에 맞는 문제를 단계별로 연습할 수 있습니다.

▶ 생각 쏙쏙
주제와 관련된 다양한 학습자료를 제공해 줍니다.

# 차례

## 5 네트워크를 지켜줘

## ✚ 본문 캐릭터 소개

친구들에게 아는 것을 설명해 주는 것을 좋아하는 똑똑한 초등학생 제제

궁금한 것이 많고 발랄한 초등학생 페페

# 1

# 컴퓨터의 세계

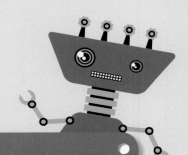

## 학습활동 체크체크

| 학습내용 | 공부한 날 | | 개념 이해 | 문제 이해 | 복습한 날 | |
|---|---|---|---|---|---|---|
| 1. 컴퓨터와 기계장치 | 월 | 일 | | | 월 | 일 |
| 2. 컴퓨터와 하드웨어 | 월 | 일 | | | 월 | 일 |
| 3. 데이터와 기억장치 | 월 | 일 | | | 월 | 일 |
| 4. 2진수의 비밀 | 월 | 일 | | | 월 | 일 |
| 5. 2진수와 자릿값 | 월 | 일 | | | 월 | 일 |
| 6. 2진수와 규칙 | 월 | 일 | | | 월 | 일 |
| 7. 픽셀과 그림 | 월 | 일 | | | 월 | 일 |
| 8. 자연어와 수 | 월 | 일 | | | 월 | 일 |

# 01 컴퓨터와 기계장치

➤ 정답 및 해설 2쪽

📢 컴퓨터와 관련된 장치는 아주 많아요. 우리가 주로 쓰는 컴퓨터와 그 주변 장치에 대해 알아 볼까요?

**핵심 키워드** ▶ #컴퓨터 #기계장치 #하드웨어

## STEP 1

[수학교과역량] **추론능력, 창의·융합능력**

다음 그림은 페페의 책상 모습입니다. 페페의 책상에서 발견할 수 있는 기계장치*의 이름을 모두 찾아 써 보세요.

*장치: 어떤 목적에 따라 기능하는 도구.

..........................................................................................................

..........................................................................................................

( )

💡 생각 쏙쏙 | **하드웨어(Hardware)**

컴퓨터는 여러 가지 장치로 구성되어 있습니다. 그 중에서 하드웨어는 눈에 보이고, 만질 수 있는 장치에 해당합니다. 하드(hard)란 '딱딱하다'는 의미로, 컴퓨터의 기계장치를 하드웨어라고 합니다. 사람에 비유하자면 사람의 몸에 해당되는 것입니다.

## STEP 2

다음은 주변에서 볼 수 있는 기계장치에 대한 설명입니다. ㉠, ㉡, ㉢에 들어갈 알맞은 말을 써 보세요.

| 이름 | 사진 | 설명 |
|---|---|---|
| ㉠ | | 웹(web)과 카메라(camera)의 합성어로 인터넷 상에서 사용할 수 있는 화상 카메라 |
| ㉡ | | 소리를 듣거나 소리를 컴퓨터로 전달할 수 있는 마이크가 달려 있는 헤드폰 |
| ㉢ | | 키보드 없이 손가락 또는 전자펜을 이용해 직접 LCD(액정) 화면에 글씨를 써서 문자를 인식하게 하는 모바일 인터넷 기기 |

㉠: _____

㉡: _____

㉢: _____

 **컴퓨터와 주변 장치**

• 키보드: 타자기의 자판과 비슷한 모양새를 띤 PC의 장치
• 모니터: 컴퓨터에서 처리한 결과를 화면으로 보여주는 장치
• 마우스: 컴퓨터 화면 위에서 커서 또는 아이콘 등을 이동시킬 때 사용하는 장치
• 스피커: 컴퓨터, TV, 오디오 등의 소리를 외부로 내보내는 장치
• 프린터: 컴퓨터의 정보를 사람이 눈으로 볼 수 있는 형태로 인쇄하는 장치

# 02 컴퓨터와 하드웨어

≫ 정답 및 해설 2쪽

📢 컴퓨터의 기계장치를 하드웨어라 한다고 공부했어요. 이제 하드웨어 장치의 기능에 대해 알아 볼까요?

**핵심 키워드** ▷ #하드웨어 #입력장치 #출력장치 #전원 공급 장치

---

**STEP 1**

[수학교과역량] 추론능력, 문제해결능력, 정보처리능력

다음은 비슷한 기능을 하는 기계장치들끼리 모아 놓은 것입니다. 이때, 두 무리의 기계장치의 차이점이 무엇인지 써 보세요.

키보드, 마우스, 웹캠, 마이크                   모니터, 프린터, 스피커, 플로터*

*플로터: 다양한 규격의 용지를 인쇄할 수 있는 프린터로, 주로 크기가 큰 용지를 인쇄할 때 사용.

......................................................................................................

......................................................................................................

......................................................................................................

......................................................................................................

......................................................................................................

......................................................................................................

 **입력장치와 출력장치**

입력장치는 컴퓨터 외부의 정보를 컴퓨터가 이해할 수 있는 형태로 바꾸어 전달하는 장치입니다. 입력장치에는 키보드, 마우스, 마이크, 카메라 등이 있으며 사진을 본뜨는 스캐너, 게임할 때 사용하는 조이스틱도 포함됩니다. 또한, 시험 답안지와 같은 것을 읽을 수 있는 OMR 기계도 입력장치에 포함됩니다.

출력장치는 컴퓨터 내부의 정보를 사람이 알아볼 수 있는 형태로 바꾸어서 컴퓨터 외부로 전달하는 장치입니다. 대표적인 출력장치에는 모니터와 스피커, 프린터, 플로터 등이 있습니다.

## STEP 2

[수학교과역량] **추론능력, 문제해결능력, 정보처리능력**

전원 공급 장치란, 컴퓨터 기기 등의 전자장치에 전기에너지를 공급하는 장치를 뜻합니다. 이때, 사람의 심장과 컴퓨터의 전원 공급 장치의 공통점을 찾아 써 보세요.

〈사람의 심장〉

〈전원 공급 장치〉

# 03 정보를 기억해요
## 데이터와 기억장치

≫ 정답 및 해설 3쪽

📢 컴퓨터에는 수많은 정보가 오고 가요. 이러한 정보(데이터)를 기억하고 저장하기 위해서는 어떤 특별한 장치가 필요할까요?

**핵심 키워드** #하드웨어 #기억장치 #저장장치 #데이터 단위

 **기억장치**

기억장치는 컴퓨터의 자료를 기억하고 저장하는 장치입니다. 일반적으로 기억장치는 크게 주기억장치와 보조기억장치로 나눌 수 있습니다. 주기억장치는 컴퓨터가 작동하는 동안 필요한 프로그램들이 저장되어 있고, 보조기억장치는 항상 필요하지는 않지만 계속 보관되어야 하는 자료들이 저장되어 있습니다. 주기억장치의 대표적인 것은 RAM(램)과 ROM(롬)이 있고, 보조기억장치의 대표적인 것에는 하드디스크, USB 메모리, CD, 외장하드 등이 있습니다.

## STEP 1
[수학교과역량] **추론능력, 문제해결능력**

USB(유에스비) 메모리는 컴퓨터의 데이터를 저장할 수 있는 장치입니다. 컴퓨터의 USB 단자에 연결만 하면 파일을 저장하고 옮길 수 있습니다. USB 메모리는 가볍고 간편해서 요즘 가장 많이 사용하는 저장장치입니다.

다음과 같은 서로 다른 두 종류의 USB 메모리가 저장할 수 있는 데이터의 양이 각각 16GB*, 128GB일 때, 연두색 USB 메모리가 저장할 수 있는 데이터의 양은 주황색 USB 메모리가 저장할 수 있는 데이터의 양의 몇 배인지 구해 보세요.

16GB          128GB

*GB: 기가바이트의 줄임말로, 데이터의 단위 중 하나.

( )

## 데이터의 용량 단위

바이트(Byte)는 컴퓨터가 처리하는 정보의 기본 단위로, 하나의 문자를 표현하는 단위입니다. 8개의 bit(비트)가 모여 1개의 바이트를 이룹니다. 또, 1024개의 바이트가 모여 1KB(킬로바이트)를 이룹니다. 각 단위의 관계는 다음과 같습니다.

- 1Byte(바이트)=8bit(비트)
- 1KB(킬로바이트)=1024Byte
- 1MB(메가바이트)=1024KB
- 1GB(기가바이트)=1024MB
- 1TB(테라바이트)=1024GB

## STEP 2

[수학교과역량] 추론능력, 문제해결능력

기억장치는 시대가 변하며 발전해 왔습니다. 점차 사용이 간편해지고, 저장할 수 있는 용량의 크기가 점점 커졌습니다. 저장장치의 변화 과정이 다음과 같을 때, ㉠~㉣에 들어갈 데이터의 용량을 <보기>에서 골라 써 넣으세요.

| 1980년대 | 1990년대 | 2000년대 | 현재 |
| --- | --- | --- | --- |
| 플로피디스크 | CD | DVD | USB |
| ㉠ | ㉡ | ㉢ | ㉣ |

보기

| 4.7GB | 700MB | 1.44MB | 128GB |

㉠: _____, ㉡: _____, ㉢: _____, ㉣: _____

# 04 2진수의 비밀

컴퓨터처럼 이야기해요

→ 정답 및 해설 3쪽

📢 우리는 한국어를 사용하여 친구들과 대화를 나눕니다. 컴퓨터는 어떨까요? 컴퓨터끼리는 숫자를 사용하여 대화를 나눕니다. 컴퓨터가 사용하는 숫자는 오직 2개예요. 바로 0과 1이지요. 이러한 수 체계를 2진수라고 해요.

**핵심 키워드** #2진수 #규칙 찾기

## STEP 1

[수학교과역량] 추론능력

컴퓨터는 전기가 들어오지 않은 상태를 ⬜(0)으로, 전기가 들어오는 상태를 ⬛(1)로 인식합니다.

다음 그림과 같은 상태를 0과 1을 이용하여 어떻게 표현할 수 있을까요? 빈 칸에 알맞은 수를 써 보세요.

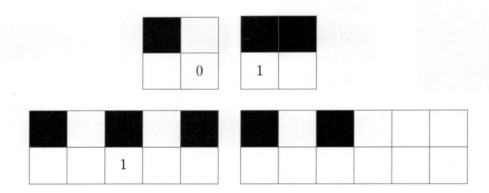

 **컴퓨터의 정보 인식 원리**

컴퓨터는 무엇을 사용하여 작동하나요? 바로 전기를 사용하여 작동합니다. 전기가 나타내는 다양한 현상을 컴퓨터는 인식하며 작동합니다. 컴퓨터는 전기가 들어오지 않는 상태를 0으로, 전기가 들어오는 상태를 1로 인식합니다. 또한, 컴퓨터는 전기적 상태('전압의 높고 낮음' 또는 '파동의 있고 없음' 등)를 2가지 경우로 나누어 작업을 하고 있답니다. 0과 1만을 사용하여 작업할 경우, 더 많은 종류의 숫자를 사용하는 것보다 오히려 오류가 생길 가능성이 낮아진다고 합니다.

## STEP 2

[수학교과역량] 추론능력, 창의·융합능력

제제의 컴퓨터 옆에 설치되어 있는 프린트기에서 흰색과 검은색으로만 이루어진 그림이 한 장 출력되어 나왔습니다. 제제는 그림을 보고 아래와 같은 규칙을 발견했습니다.

이 규칙을 바탕으로 그림을 그릴 때 컴퓨터가 사용했을 수의 배열을 추측하여 왼쪽 빈칸에 써 보세요.

001000100

100010001

컴퓨터처럼 이야기해요

# 2진수와 자릿값

➤ 정답 및 해설 4쪽

📢 173에서 밑줄 친 1이 나타내는 수는 얼마인가요? 바로 100입니다. 0과 1로만 이루어진 2진수 체계에서도 자리에 따라 나타내는 수가 달라집니다.

**핵심 키워드** ▶ #2진수 #자릿값

**STEP 1**

[수학교과역량] **추론능력**

흰색과 검은색으로만 수를 나타낼 수 있습니다. ☐ 은 0을 뜻합니다. 색칠된 칸은 어떨까요?

똑같이 한 칸이 색칠되어 있더라도 ■ 은 1, ■☐ 은 2를 나타냅니다. 그리고 ■☐☐ 은 4, ■☐☐☐ 은 8, ■■☐ 은 6을 나타냅니다.

그렇다면 ■■☐■ 이 나타내는 수는 무엇인지 구해 보세요.

## STEP 2

페페는 4개의 정사각형으로 이루어진 사각형에 색칠하여 수를 나타내려고 합니다.

은 4를 나타내고, 은 5를 나타냅니다.

또, 은 10을, 은 15를 나타냅니다.

이와 같은 규칙을 이용하여 11과 14를 색칠하여 표현해 보세요.

| 11 | 14 |
|---|---|
|  |  |

### 생각 쏙쏙 · 2진수의 덧셈

2진수는 0과 1이라는 2개의 숫자만으로 이루어진 수 체계입니다. 그렇다면 2진수의 덧셈은 어떻게 이루어질까요? 0과 1을 사용하여 덧셈을 합니다. 10+1은 11입니다. 100+1은 101입니다. 1000+1의 값은 무엇일까요? 1001입니다.

$$
\begin{array}{r} 10 \\ + \ 1 \\ \hline 11 \end{array}
\qquad
\begin{array}{r} 100 \\ + \ 1 \\ \hline 101 \end{array}
\qquad
\begin{array}{r} 1000 \\ + \ 1 \\ \hline 1001 \end{array}
$$

우리는 덧셈에서 수의 합이 10이 되면 받아올림을 합니다. 2진수는 수의 합이 2가 되면 받아올림을 합니다. 그리고 받아올림 후의 자리에는 0을 남깁니다. 예를 들어 10+10은 100입니다. 100+111은 1011이 됩니다. 1100+1001의 값은 무엇일까요? 10101입니다.

$$
\begin{array}{r} \boxed{1} \\ 10 \\ + \ 10 \\ \hline 100 \end{array}
\qquad
\begin{array}{r} \boxed{1} \\ 100 \\ + \ 101 \\ \hline 1011 \end{array}
\qquad
\begin{array}{r} \boxed{1} \\ 1100 \\ + \ 1001 \\ \hline 10101 \end{array}
$$

# 06 2진수와 규칙

➤ 정답 및 해설 5쪽

📢 컴퓨터의 세계는 0과 1로만 표현됩니다. '0과 1', '꺼짐과 켜짐', '없음과 있음'처럼 두 가지 경우로만 실생활 속에서 일어나는 현상을 표현할 수 있을까요?

**핵심 키워드** ➤ #2진수 #규칙 찾기

## STEP 1

[수학교과역량] 추론능력, 창의·융합능력

거실과 화장실의 불이 꺼진 날과 켜진 날을 조사한 표입니다.

|  | 월요일 | 화요일 | 수요일 | 목요일 | 금요일 |
|---|---|---|---|---|---|
| 거실 | OFF ON | OFF ON | OFF ON | OFF ON | OFF ON |
| 화장실 | OFF ON | OFF ON | OFF ON | OFF ON | OFF ON |

거실과 화장실 모두 불이 한 번도 켜지지 않은 날을 골라 보세요.

① 월요일　　　② 화요일　　　③ 수요일　　　④ 목요일　　　⑤ 금요일

(　　　　　　　　)

### 실생활 속 2진수

부모님 지갑 속 신용카드의 뒷면을 본 적 있나요? 굵은 검정색 선이 보입니다. 신용카드 정보들은 2진수를 사용하여 기록되어 있습니다. 또, CD의 뒷면을 본 적 있나요? 무지개색으로 빛나는 CD의 뒷면에도 다양한 정보들이 2진수를 사용하여 적혀 있습니다.

2진수는 알게 모르게 우리 실생활 속에 그 모습을 감춘 채 숨쉬고 있습니다. 주위를 둘러보고, 2진수가 또 어디에서 사용되고 있는지 찾아 봅시다.

# STEP 2

페페는 퍼즐을 새로 샀습니다. 이 퍼즐의 조각은 양면의 색이 다릅니다. 한쪽 면은 ⬜ , 반
대쪽 면은 ⬛ 입니다. 이 퍼즐은 가로줄과 세로줄을 한 줄씩 통째로 뒤집어 가며 조각을 움
직일 수 있습니다. 예를 들어 ▦ 의 첫 번째 가로줄을 뒤집으면 ▦ 이 됩니다.

그리고 이 상태에서 두 번째 세로줄을 뒤집으면 ▦ 이 됩니다.

페페는 다음 그림과 같은 퍼즐을 처음 상태에서 현재 상태로 만드는 동안 가로줄과 세로줄
에 각각 몇 번씩 뒤집기를 했는지 구해 보세요. (단, 뒤집기는 가정 적게 합니다.)

〈처음 상태〉 → 〈현재 상태〉

| 가로줄 | | 번 | 세로줄 | | 번 |
|---|---|---|---|---|---|

# 07 숫자로 그림을 그려요
# 픽셀과 그림

➤ 정답 및 해설 6쪽

📢 컴퓨터가 그림 이미지를 표현하는 방법은 우리와 다릅니다. 컴퓨터가 그림을 표현하는 방법에 대해 알아 볼까요?

**핵심 키워드** #픽셀 #비트맵 #2진수

## 생각 쏙쏙 ┃ 숫자로 그림을 그리는 컴퓨터

컴퓨터는 그림을 0과 1의 숫자로 생각합니다. 반대로 그림 이미지를 표현할 때에도 숫자를 이용해서 나타낼 수 있습니다. 컴퓨터의 이미지를 확대해 보면 작은 정사각형으로 이루어진 것을 알 수 있습니다. 이것을 픽셀(Pixel)*이라고 부릅니다. 픽셀에는 다양한 색의 정보가 들어가 있고, 숫자로 표현됩니다.

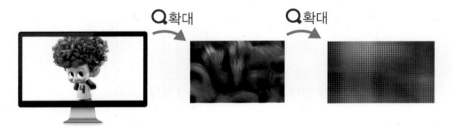

*픽셀: 컴퓨터 화면을 구성하는 가장 단위로, 색을 지닌 가장 작은 점.

## STEP 1

[수학교과역량] **추론능력, 창의·융합능력**

다음은 숫자를 이미지로 바꾸는 규칙입니다. 이 <규칙>과 <예시>를 이용하여 이미지를 완성해 보세요.

**• 규칙 •**

- 숫자는 연속하는 같은 색의 픽셀의 수를 뜻합니다.
- 흰색에서 검은색 또는 검은색에서 흰색으로 색이 달라질 때에는 ',(쉼표)'로 구분합니다.
- 0이 아닌 첫 번째 숫자는 항상 흰색 픽셀의 수입니다.
- 첫 번째 숫자가 0인 경우 검은색 픽셀로 시작하고, 그 다음 수는 연속하는 검은색 픽셀의 수입니다.

| 코드 | 픽셀 | 설명 |
|---|---|---|
| 1, 3, 1 | | 1로 시작했으므로 흰색 픽셀 1개, 검은색 픽셀 3개, 흰색 픽셀 1개를 색칠합니다. |
| 1, 1, 1, 1, 1 | | 흰색과 검은색 픽셀을 한 개씩 번갈아가며 색칠합니다. |
| 0, 5 | | 0으로 시작했으므로 검은색 픽셀 5개를 색칠합니다. |
| 5 | | 5로 시작했으므로 흰색 픽셀 5개를 색칠합니다. |
| 0, 1, 3, 1 | | 0으로 시작했으므로 검은색 픽셀을 먼저 칠하고 흰색 픽셀 3개, 검은색 픽셀 1개를 색칠합니다. |

**1**
**단원**

| 4, 2, 4 | | | | | | | | | | |
|---|---|---|---|---|---|---|---|---|---|---|
| 3, 2, 1, 1, 3 | | | | | | | | | | |
| 3, 4, 3 | | | | | | | | | | |
| 2, 2, 1, 3, 2 | | | | | | | | | | |
| 1, 8, 1 | | | | | | | | | | |
| 2, 4, 1, 1, 2 | | | | | | | | | | |
| 1, 8, 1 | | | | | | | | | | |
| 0, 3, 1, 2, 1, 3 | | | | | | | | | | |
| 0, 10 | | | | | | | | | | |
| 4, 2, 4 | | | | | | | | | | |

1. 컴퓨터의 세계 **15**

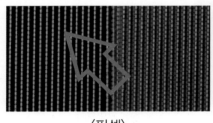

### 생각 쏙쏙   픽셀(Pixel)과 비트맵(Bitmap)

컴퓨터 모니터 속 이미지들을 아주 크게 확대하면 그림의 경계선들이 작은 사각형들이 붙어서 나열되어 있으므로 마치 계단같이 보입니다. 이때 이미지들을 이루는, 더 이상 쪼개지지 않는 사각형의 작은 점들이 바로 픽셀(Pixel)입니다.

픽셀(Pixel)은 컴퓨터 화면을 구성하는 가장 작은 단위입니다. 픽셀은 색에 대한 정보를 지닌 가장 작은 점이며, 화소라고도 합니다.

비트맵(Bitmap)은 컴퓨터의 이미지를 표현하는 방법 중 하나로, 픽셀이라고 불리는 작은 점들이 모여 이미지가 만들어지는 방식을 뜻합니다. 마치 모자이크처럼 컴퓨터 화면에 알록달록 색상의 점인 픽셀로 이미지를 나타내는 것입니다.

〈픽셀〉                    〈비트맵〉

## STEP 2

다음과 같이 **STEP 1**의 규칙을 이용하여 이미지를 숫자로 나타내어 보세요. 또, 나만의 그림을 정해 색칠하여 표현한 후, 이것을 컴퓨터가 이해할 수 있도록 이미지를 숫자로 나타내어 보세요.

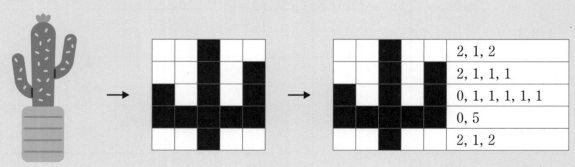

| | |
|---|---|
| | 2, 1, 2 |
| | 2, 1, 1, 1 |
| | 0, 1, 1, 1, 1, 1 |
| | 0, 5 |
| | 2, 1, 2 |

제목: ( 　빨대 꽂힌 손잡이 컵　 )

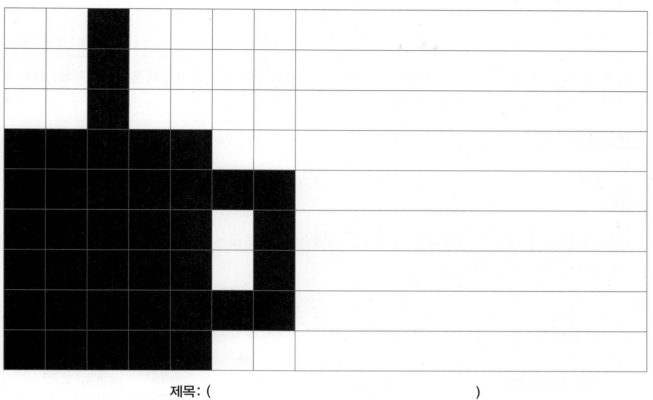

제목: ( 　　　　　　　　　　　 )

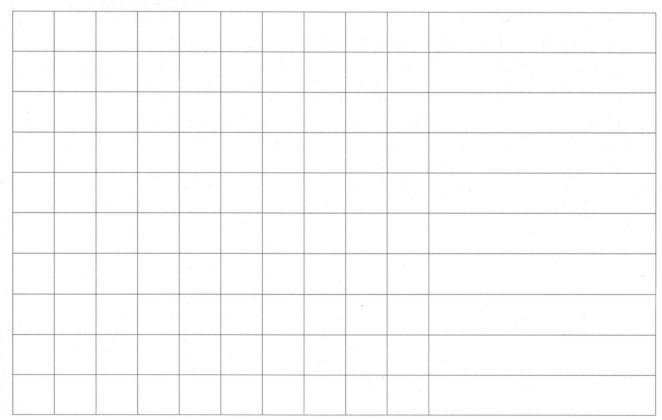

안심Touch

# 08 자연어와 수

➤ 정답 및 해설 7쪽

📢 사람들이 쓰는 일상의 말들을 자연어라고 합니다. 컴퓨터는 사람의 말을 어떻게 알아 들을까요? 컴퓨터는 자연어를 수로 변환시켜 이해해요.

**핵심 키워드** #자연어 #단어 사전(Bag of Words) #빈도

## STEP 1

[수학교과역량] 추론능력, 창의·융합능력

주말농장에 간 페페는 제제에게 메시지를 보냈습니다. 제제는 페페의 메시지 속 단어들을 정리해서 봉투에 담았습니다.

| 첫 번째 메시지 | 고구마 농장에 왔어 |
|---|---|
| 두 번째 메시지 | 고구마 그리고 고구마 줄기가 잔뜩 엉켜있어 |

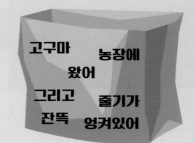

➡ 고구마 농장에 왔어 그리고 줄기가 잔뜩 엉켜있어

봉투 속 단어를 정리하여 (고구마, 농장에, 왔어, 그리고, 줄기가, 잔뜩, 엉켜있어)라는 단어 사전을 만들었습니다. 첫 번째 메시지는 사전 속 단어들이 (1, 1, 1, 0, 0, 0, 0)번 사용되었습니다. 두 번째 메시지는 사전 속 단어들이 (2, 0, 0, 1, 1, 1, 1)번 사용되었습니다. 그렇다면 아래의 메시지에는 사전 속 단어들이 몇 번 사용되었는지 구해 보세요. (단, 메세지에는 단어 사전에 없는 단어가 있을 수 있습니다.)

> 고구마 줄기가 너무 길어서 농장에 잘라야 한다고 말하고 왔어

..................................................................................................

..................................................................................................

..................................................................................................

..................................................................................................

(    ,    ,    ,    ,    ,    ,    )번

## 단어 사전(Bag of Words)

가방 안에 단어 카드가 잔뜩 들어있는 모습을 상상해 보세요. 단어 사전은 문서 안에서 단어가 등장하는 빈도를 계산하여 단어를 수치화하는 방법입니다. 이때, 단어의 등장 순서는 고려하지 않습니다. 단어 사전은 인공지능이 문서 속 단어들을 분석하고 수치화시켜 문서를 이해하는 데 사용하는 방법 중 하나입니다.

1
단원

## STEP 2

[수학교과역량] 추론능력, 문제해결능력

제제는 문장 속 단어들을 정리해서 종이 가방에 담았습니다. 가방 속 단어를 정리하여 (고구마를, 먹는, 강아지가, 동안, 껍질을, 바닥에, 버렸어, 좋아하는, 귀엽네)라는 단어 사전을 만들었습니다.

| 1번 문장 | 고구마를 먹는 강아지가 고구마를 먹는 동안 껍질을 바닥에 버렸어 |
|---|---|
| 2번 문장 | 고구마를 좋아하는 강아지가 귀엽네 |

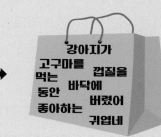

이번에는 제제가 단어들의 등장 빈도*를 다음 표와 같이 정리했습니다.

| | 고구마를 | 먹는 | 강아지가 | 동안 | 껍질을 | 바닥에 | 버렸어 | 좋아하는 | 귀엽네 |
|---|---|---|---|---|---|---|---|---|---|
| 1번 문장 | $\frac{2}{9}$ | $\frac{2}{9}$ | $\frac{1}{9}$ | $\frac{1}{9}$ | $\frac{1}{9}$ | $\frac{1}{9}$ | $\frac{1}{9}$ | 0 | 0 |
| 2번 문장 | $\frac{1}{9}$ | 0 | $\frac{1}{9}$ | 0 | 0 | 0 | 0 | $\frac{1}{9}$ | $\frac{1}{9}$ |

다음 3번 문장을 보고, ㉠, ㉡에 들어갈 알맞은 수를 적어 보세요. 그리고 1~3번 문장에서 가장 핵심이 되는 단어를 하나 찾아 적어 보세요.

| 3번 문장 | 귀여운 강아지가 고구마를 먹는 동안 내가 먹은 껍질을 청소했어 |
|---|---|

*빈도: 어떤 사건이 반복되는 정도.

| | 고구마를 | 먹는 | 강아지가 | 동안 | 껍질을 | 바닥에 | 버렸어 | 좋아하는 | 귀엽네 |
|---|---|---|---|---|---|---|---|---|---|
| 3번 문장 | $\frac{1}{9}$ | $\frac{1}{9}$ | ㉠ | $\frac{1}{9}$ | $\frac{1}{9}$ | ㉡ | 0 | 0 | 0 |

핵심이 되는 단어:＿＿＿＿＿＿＿＿＿＿＿＿＿

# 도전! 코딩    엔트리(entry) 그림 그리기

(출처: 엔트리(https://playentry.org))

엔트리는 네이버(NAVER)에서 만들어 무료로 배포한 블록 코딩 사이트입니다. 엔트리에서는 블록 코딩을 통하여 누구나 쉽고 재미있게 다양한 작품을 직접 만들 수 있습니다. 또한, 엔트리에서는 이 과정에서 스스로의 재능 발견, 인공지능과의 만남, 데이터 분석 등 다양한 경험을 할 수 있다고 소개하고 있습니다.

이번 단원에서 우리는 컴퓨터가 이미지를 표현하는 방법을 배웠습니다.
지금부터는 컴퓨터를 이용하여 엔트리로 그림을 그릴 수 있도록 코딩해 보겠습니다.

## WHAT?

➜ 마우스를 따라 연필이 이동합니다. 마우스를 클릭했을 때에는 그림이 그려지고, 마우스를 떼었을 때에는 그림이 그려지지 않도록 하는 그림 그리기 프로그램을 만들어 봅시다.

## HOW?

➜ 휴대폰 화면에서는 전체 화면이 보이지 않을 수 있으므로 정상 실행을 위해서는 탭이나 컴퓨터를 이용하세요.
➜ 우선 미션 모드에서 엔트리의 기본 사용법을 익혀 봅시다.
링크를 통하여 접속하면, 미션을 수행하며 엔트리의 기본 사용법을 배울 수 있습니다.

| 난이도 | 쉬움 | 보통 | 어려움 |
|---|---|---|---|
| 링크 | (QR 코드) | (QR 코드) | (QR 코드) |

1. [작품 만들기]로 들어가면 아래와 같은 첫 화면을 만날 수 있습니다.

2. [모양] 탭으로 들어가서, '모양 추가하기' 버튼을 누르세요.

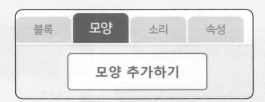

3. 오른쪽 상단을 보면 검색창이 있습니다. '연필'을 검색합니다.

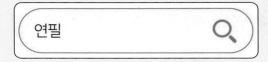

4. 원하는 모양의 연필을 선택한 뒤 '추가' 버튼을 누르세요.

5. 사용하려는 모양을 클릭하고 [블록] 탭으로 이동하세요.

6. 연필이 마우스를 계속 따라다녀야 하므로, [시작]에서 '시작하기 버튼을 클릭했을 때' 블록을 가져온 후, [흐름]에서 '계속 반복하기' 블록을 넣습니다.

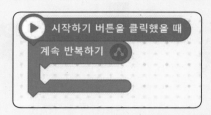

7. [움직임]에서 '～ 위치로 이동하기' 블록을 넣은 후, '마우스포인터'로 바꿉니다. 여기까지 완료하면 연필이 마우스를 계속 따라 다닙니다.

8. [시작]에서 '마우스를 클릭했을 때' 블록을 가져온 후, [붓]에서 '그리기 시작하기' 블록을 넣습니다.

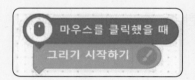

9. [시작]에서 '마우스 클릭을 해제했을 때' 블록을 가져온 후, [붓]에서 '그리기 멈추기' 블록을 넣습니다.

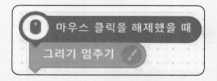

10. 연필을 클릭하면 가운데 동그란 원이 중심점입니다. 이 점을 기준으로 그림이 그려지므로 중심점을 연필 끝으로 이동시킵니다.

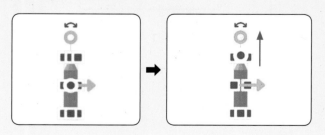

11. 실행 ▶을 하면 마우스를 클릭했을 때 그림이 그려지고, 마우스를 떼었을 때 그림이 그려지지 않는 것을 확인할 수 있습니다.

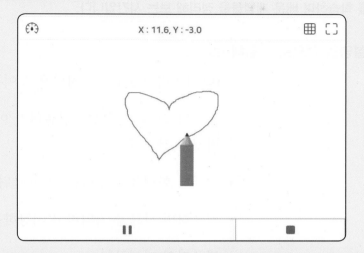

**tip** [붓]에서 '붓의 색을 ~로 정하기' 블록을 이용하면 원하는 색의 연필로 바꿀 수 있습니다.

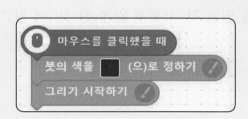

# DO IT!

➔ 사이트에 접속하여 직접 코딩해 봅시다. 코딩 후엔 꼭 실행해 보세요.

▲ 직접 코딩 해 보기

➤ 정답 및 해설 7쪽

〈1단원-컴퓨터의 세계〉를 학습하며 배운 개념들을 정리해 보는 시간입니다.

**1** 용어에 알맞은 설명을 선으로 연결해 보세요.

2진수 •　　　　　　　　• 0과 1이라는 2개의 숫자만으로 이루어진 수 체계

하드웨어 •　　　　　　• 컴퓨터 외부의 정보를 컴퓨터가 이해할 수 있는 형태로 바꾸어 전달하는 장치

기억장치 •　　　　　　• 컴퓨터 화면을 구성하는 가장 단위

픽셀 •　　　　　　　　• 컴퓨터의 자료를 기억하고 저장하는 장치

입력장치 •　　　　　　• 컴퓨터의 기계장치

**2** 이번 단원을 배우며 내가 컴퓨터에 대해 알고 있던 것, 새롭게 알게 된 것, 더 알고 싶은 것을 정리해 봅시다.

| | |
|---|---|
| (1) 내가 컴퓨터에 대해 알고 있던 것 | |
| (2) 내가 컴퓨터에 대해 새롭게 알게 된 것 | |
| (3) 내가 컴퓨터에 대해 더 알고 싶은 것 | |

| 인원 | 2인 | 소요시간 | 10분 |
|---|---|---|---|
| 준비물 | | 빈 종이 2장, 필기도구 | |

**방법**

❶ 해설자와 화가의 역할이 각각 필요합니다. 누가 어떤 역할을 맡을지 먼저 순서를 정합니다.

❷ 각자 상대방이 그려줬으면 하는 그림을 빈 종이에 그립니다.

❸ 한 사람당 3분의 그림 설명 시간을 가집니다. 이때, 자신의 그림에 대한 직접적인 힌트를 주어서는 안 됩니다. 형태와 위치만 설명할 수 있습니다.

❹ 만약 내가 해설가가 되어 그림을 말로 설명하면, 친구는 화가가 되어 나의 설명만 듣고 빈 종이에 그림을 그립니다.

❺ 3분 후 내가 처음에 그린 그림과 나의 설명을 듣고 친구가 그린 그림을 비교해 봅니다.

❻ 역할을 바꾸어 다시 그림 그리기를 진행합니다.

❼ 게임을 진행해 본 뒤, 화가가 내 마음 속 그림을 그대로 표현하게 하려면 어떻게 설명해야 좋을지 함께 고민해 봅니다.

 **Play** **게임 예시**

제제는 해설자, 페페는 화가입니다. 다음은 제제의 설명입니다.

종이 한 가운데에 정삼각형을 그려. 그리고 그 정삼각형 안에 또 정삼각형을 그리는데, 이건 거꾸로 뒤집혀 있어야 해. 가장 위의 삼각형에는 가운데 하트를 그려줘. 가운데 삼각형에는 가운데 원을 그려줘. 왼쪽 아래 삼각형에는 가운데 별을 그려줘. 오른쪽 아래 삼각형에는 가운데 정사각형을 그려줘. 완성이야!

〈제제가 그린 그림〉

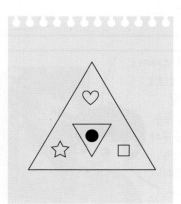

〈페페가 그린 그림〉

# 컴퓨터의 역사 우리가 몰랐던 컴퓨터

제제야, 이게 컴퓨터래!

이건 최초의 전자식 컴퓨터인 ABC야.

모니터, 키보드, 마우스도 없는데 컴퓨터라니 뭔가 이상하지 않아?

복잡한 계산식을 자동으로 처리해 줄 기계를 발명하려고 사람들은 오랫동안 노력했어. 그리고 1939년 클리포드 베리는 ABC라는 최초의 전자식 컴퓨터를 개발했지.

더 이전의 컴퓨터들은 어떤 것들이었는데?

주판

라이프니츠 기계식 계산기

아주 오래된 컴퓨터로는 주판이 있었대. 주판 이후에는 사람이 직접 태엽을 돌리거나 물리적인 부품을 조작하는 기계식 계산기를 사용했대.

복잡한 계산을 자유자재로 처리한 애니악, 최초로 프로그램을 내장한 컴퓨터인 에드삭 등을 거쳐 우리가 지금 흔히 아는 형태의 고성능 컴퓨터가 등장했대!

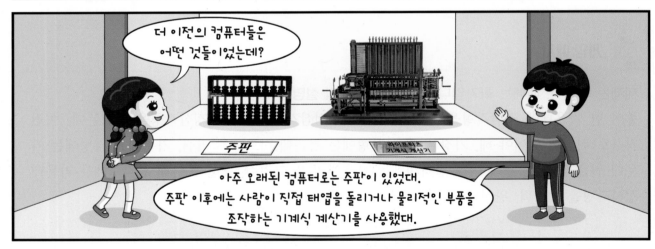

### 애니악

1946년 미군 탄도연구소의 요청에 의해 미국 펜실베이니아 대학에서 존 모클리(John W. Mauchly)와 프레스퍼 에커트(John P. Eckert)의 공동설계에 의해 3년여의 연구 끝에 완성된 애니악은 10진수 체계를 이용한 전자식 자동계산기였다.

미래의 컴퓨터는 분명히 성능이 엄청날거야. 모습은 어떨까? 너무 작아져서 아예 눈에 보이지 않을지도 몰라!

## CHECK 2

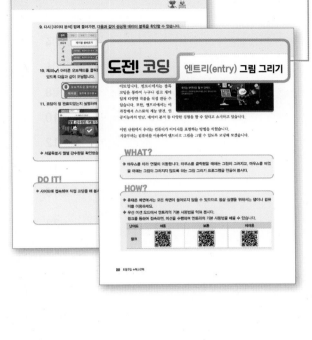

**학습한 코딩을 직접 해 볼 수 있도록 정리하였습니다.**

▶ 스크래치, 엔트리 등의 다양한 코딩을 **WHAT?**, **HOW?**, **DO IT!** 의 순서로 차근차근 따라해 보아요!

▶ 큐알(QR) 코드를 통해 코딩 실행 영상을 볼 수 있으며, 직접 실행해 볼 수도 있어요!

## CHECK 3

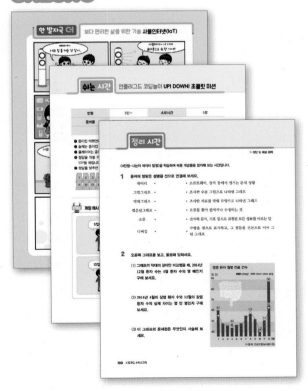

**다양하게 학습을 마무리 해 볼 수 있도록 정리하였습니다.**

▶ **정리 시간**
그 단원에서 배운 개념들을 정리해 보는 시간입니다.

▶ **쉬는 시간**
개념과 관련된 플러그드, 언플러그드 게임을 해 보는 시간입니다.

▶ **한 발자국 더**
만화를 통해 배운 내용을 한번 더 재미있게 정리해 볼 수 있어요!

# 차례

## 1 컴퓨터의 세계

## 2 규칙대로 척척

# 2

# 규칙대로 척척

# 01 규칙과 추상화

규칙을 발견해요

▶ 정답 및 해설 8쪽

📢 추상화란 현상 안에서 규칙을 발견해 문제해결에 필요한 핵심 요소를 찾아내는 것이에요. 추상화는 컴퓨팅 사고력의 핵심요소이기도 해요.

**핵심 키워드** ▶ #규칙 #추상화 #컴퓨팅 사고력

## STEP 1

[수학교과역량] **추론능력**

제제는 주어진 세 장의 카드를 보고 하나의 도형을 떠올렸습니다. 제제가 떠올렸을 도형의 이름을 써 보세요.

(                                                                )

페페는 서랍 속의 물건들을 서로 비슷한 성질을 가진 것끼리 정리했습니다. 페페의 서랍 속의 물건들을 보고, 번호마다 붙어 있는 이름표에 적을 수 있는 단어를 써 보세요. (단, 이름표에는 띄어쓰기 없이 한 단어로 적을 수 있습니다.)

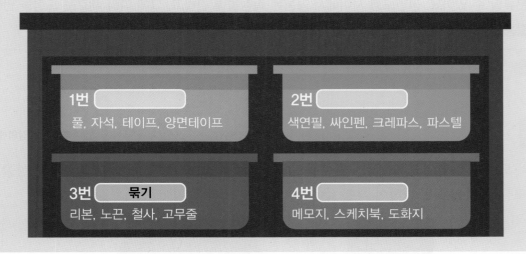

1번
풀, 자석, 테이프, 양면테이프

2번
색연필, 싸인펜, 크레파스, 파스텔

3번 **묶기**
리본, 노끈, 철사, 고무줄

4번
메모지, 스케치북, 도화지

1번: _____, 2번: _____, 4번: _____

### 추상화(abstraction)

추상화(abstraction)란 문제해결에 꼭 필요한 부분은 선택하고, 필요하지 않은 부분은 삭제하여, 상황을 간단하고 이해하기 쉽게 만드는 것입니다. 추상화 작업을 통해 핵심 요소를 파악하고, 대상을 간결하게 표현함으로써 작업이 단순해집니다.

# 02 규칙과 평면도형

➤ 정답 및 해설 9쪽

📢 물건이 어지럽게 늘어져 있다고 상상해 보세요. 우리는 이 물건들 사이의 공통된 규칙에 따라 물건들을 분류할 수 있어요. 평면도형 사이에서 공통된 속성을 발견하고, 그에 따라 새로운 도형을 만들어 보는 활동을 해 봅시다.

**핵심 키워드**  #평면도형  #분류  #추상화

**STEP 1**

[수학교과역량] **추론능력, 창의·융합능력**

다음의 도형에서 찾아볼 수 있는 공통된 속성을 2가지 이상 적어 보세요. 또, 이 속성을 바탕으로 모든 도형들을 포함하여 부를 수 있는 도형의 이름을 지어 보세요.

공통된 속성: _____

_____

도형의 이름: _____

[수학교과역량] 추론능력, 문제해결능력

다음 〈규칙〉을 모두 만족시키는 도형을 아래 모눈종이에 그려 보세요.

**규칙**

- 평면도형이다.
- 꼭짓점에는 2개의 변이 동시에 닿아 있다.
- 이 도형이 가지고 있는 각의 크기의 합은 네 개의 선분으로 둘러싸인 도형이 가진 네 개의 각의 크기의 합의 $\frac{1}{2}$이다.
- 이 도형에는 직각이 포함되어 있다.

2
단원

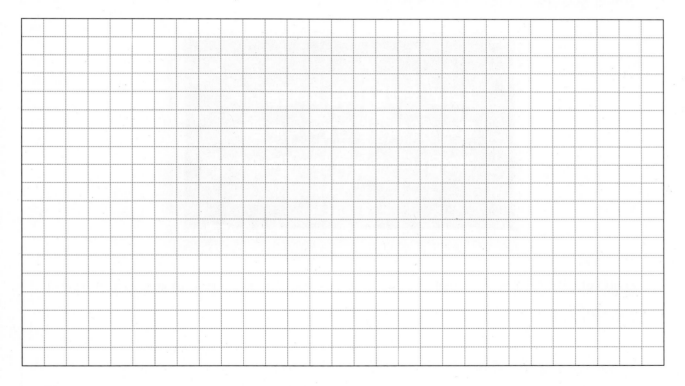

💡생각 쏙쏙  **머핀과 치와와**

강아지 치와와를 좋아하나요? 치와와의 두드러지는 특징 3가지를 떠올려 보세요. 검정색 동그란 눈이 2개, 동그란 코가 1개, 털색은 황토색 또는 고동색이라는 특징이 떠오를 것입니다. 인공지능에게 검정색 건포도가 여러 개 박힌 갈색 머핀과 치와와 사진을 주고 분류를 해 보라고 하면 어떤 일이 벌어질까요? 단순히 두드러지는 특징만 가지고 분류 작업을 한다면 건포도와 머핀을 구분하지 못하는 일이 벌어질 수도 있습니다. (출처: 열두 발자국, 정재승, 2018)

# 03 규칙과 문제분할

규칙따라 쏙쏙

≫ 정답 및 해설 9쪽

📢 복잡한 문제를 해결할 때 가장 먼저 해야 하는 일이 무엇일까요? 문제를 작게 나누어 보는 것입니다. 그러면 해결의 실마리가 쉽게 눈에 들어올 거예요.

**핵심 키워드** #규칙 #문제분할

## STEP 1

[수학교과역량] 추론능력, 문제해결능력

칠판에 선생님의 고민이 적혀 있었습니다.

> 우리 반 학생들이 요즘 휴대폰을 너무 많이 사용해서 눈 건강이 나빠질까 걱정됩니다. 어떻게 해야 할까요?

선생님의 고민을 해결하기 위해 페페는 자료를 수집하기로 했습니다. 페페가 수집할 자료와 연관성이 가장 낮은 것을 고르세요.

① 우리 반 학생들이 휴대폰을 얼마나 사용하는지 조사하기
② 우리 반 학생들이 휴대폰을 가지고 있는지 조사하기
③ 휴대폰 사용과 눈 건강과의 연관성 알아보기
④ 우리 반 학생들의 휴대폰 제조사 조사하기
⑤ 우리 반 학생들의 시력 조사하기

( )

## STEP 2

[수학교과역량] 창의·융합능력, 문제해결능력

제제는 떨어지는 과일을 터트려 점수를 얻는 휴대폰 게임을 하고 있습니다. 이때 원숭이를 터치할 경우 하트 모양의 생명이 1칸씩 줄어듭니다.

즐겁게 게임을 하던 중 휴대폰에 문제가 생겨 제제가 과일을 터치해도 과일이 터지지 않는 현상이 발생했습니다. 제제가 빨강색 화살표 지점을 터치했을 때 하트 모양의 생명이 1칸 줄어들었고, 보라색 화살표 지점을 터치했을 때도 하트 모양의 생명이 1칸 줄어들었습니다.

문제해결에 사용할 수 있는 메뉴가 다음과 같을 때, 제제는 문제를 해결하기 위해 어떤 메뉴를 사용하면 좋을지 골라 보세요.

① 터치 민감도          ② 터치 위치 조절          ③ 터치 진동          ④ 터치 속도

(                              )

## 스마트폰과 터치

여러분은 스마트폰을 어떻게 사용하나요? 화면 속 아이콘을 터치해서 스마트폰의 기능을 사용할 수 있습니다. 이렇게 터치를 통해 전자기기를 작동시킬 수 있는 화면을 터치 스크린이라고 합니다. 터치 스크린에 대해 자세히 알고 싶다면 QR 코드 속 영상을 확인해 보세요.

(▲ 출처: 밝은면 「터치 스크린의 작동방식에 대한 이해」)

# 수와 규칙

≫ 정답 및 해설 10쪽

📢 수의 세계는 신비해요. 의미 없이 나열된 수들 사이에 비밀스러운 규칙이 숨어 있을 수 있거든요. 수의 규칙적 배열을 수열이라고 합니다. 프로그래밍에서도 수열을 이용해 함수를 만들어요. 수열의 세계를 함께 여행해 봅시다.

**핵심 키워드** #수 #규칙 #피보나치 수열 #트리보나치수열

## STEP 1

[수학교과역량] **추론능력**

제제는 컴퓨터에 저장된 파일들을 이동식 저장장치인 USB 메모리에 옮겨 저장하려고 합니다. 작업을 하면 할수록 필요한 USB 메모리의 개수는 일정한 규칙에 따라 늘어나고 있습니다. 작업 7일차에 페페가 사용할 USB 메모리의 개수를 추측해 보세요.

| 1일 | 2일 | 3일 | 4일 | 5일 | 6일 | 7일 |
|---|---|---|---|---|---|---|
|  |  |  |  |  |  | ? |

( 　　　　　　　　 )

## STEP 2

[수학교과역량] 추론능력

모아전자는 새로운 노트북을 출시했습니다. 참신한 노트북 광고를 제작해 내보낸 뒤, 노트북의 판매량이 일정한 규칙에 따라 점점 늘어나는 것을 발견했습니다. 노트북을 만들기 위한 재료를 미리 주문하기 위해 노트북 판매량을 추측하려고 합니다. 광고를 시작한 후 13일 차에 모아전자의 노트북 판매량은 몇 대일지 추측해 보세요.

(단위: 대)

| 1일 | 2일 | 3일 | 4일 | 5일 | 6일 | 7일 | 8일 | 9일 | 10일 | 11일 | 12일 | 13일 |
|---|---|---|---|---|---|---|---|---|---|---|---|---|
| 1 | 1 | 2 | 4 | 7 | 13 | 24 | 44 | 81 | 149 | 274 | 504 | ? |

(                    )

### 생각 쏙쏙  피보나치 수열과 여러 가지 수열

피보나치 수열은 앞의 두 수를 더하면 바로 뒤의 수가 되는 규칙적인 수의 배열입니다. 이 수열은 이탈리아의 수학자 피보나치가 자신의 책 「산반서」에 토끼의 번식에 관한 문제를 제안하며 처음 등장했습니다. 토끼 한 쌍이 매달 새로운 암수 새끼 한 쌍을 낳고, 태어난 새끼들도 매달 새로운 암수 새끼 한 쌍을 낳는다고 할 때, 매달 토끼의 쌍이 얼마일지 세어보는 문제입니다.

트리보나치 수열은 무엇일까요? 앞의 세 수를 더하면 바로 뒤의 수가 되는 규칙적인 수의 배열입니다. 앞의 4개 수를 더하는 테트라보나치 수열, 5개의 수를 더하는 펜타나치 수열 등 다양한 수열이 뒤따릅니다.

피보나치 수열에 대해 자세히 더 알고 싶다면 QR 코드 속 영상을 확인해 보세요.

(▲ 출처: 매쓰몽 「초3학년도 이해하는 피보나치 수열」)

# 05 산술 연산자와 규칙

▶ 정답 및 해설 11쪽

📢 수학을 좋아하는 여러분은 +와 ×가 함께 섞여 있을 때 무엇을 먼저 계산해야 하는지 알고 있을 거에요. 어떤 수학 기호를 먼저 계산해야 하는지 규칙으로 정해져 있는 것처럼 프로그래밍에서 사용되는 연산 기호들도 사용 순서가 정해져 있어요.

**핵심 키워드** #연산자 #산술 연산자 #규칙 #순서

## STEP 1
[수학교과역량] 추론능력, 문제해결능력

페페가 칠판에 적어놓은 식에는 연산 오류가 있습니다. 페페를 도와 올바른 정답을 구해 보세요.

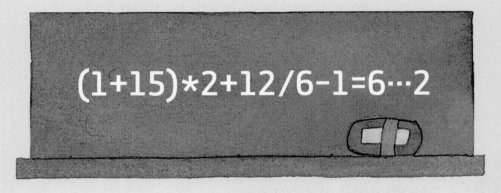

$(1+15)*2+12/6-1=6\cdots2$

( )

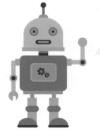

프로그래밍에서는 우리가 흔히 사용하는 곱셈 부호 ×를 *로 표현하고, 나눗셈 부호 ÷를 /로 표현해.
( ), [ ], { }와 같은 괄호는 연산의 우선순위가 가장 높아!
덧셈, 뺄셈, 곱셈, 나눗셈의 사칙 연산이 섞여 있을 때는 어떨까?

우선순위 낮음 ←——————————————→ 우선순위 높음

덧셈(+)            곱셈(*)
뺄셈(−)            나눗셈(/)

## STEP 2

제제는 페페에게 스티커 6장을 선물로 받은 후, 페페에게 2장의 스티커를 다시 돌려주었습니다. 집에 온 제제는 동생에게 자신이 가진 스티커의 반을 나누어 주었습니다. 이 모습을 본 아버지와 어머니가 제제에게 스티커를 선물로 각각 7장씩 더 주셨습니다.

이 상황을 ( ), +, −, *, /을 모두 한 번씩 사용해 계산식으로 표현해 보세요. 또, 제제가 최종적으로 가지게 된 스티커가 몇 장인지 구해 보세요.

계산식: _____

제제가 최종적으로 가지게 된 스티커의 수: _____ 장

# 06 논리 연산자와 규칙

➤ 정답 및 해설 11쪽

📢 덧셈, 뺄셈, 곱셈, 나눗셈을 명령하는 연산자뿐만 아니라 논리적인 부분을 정해주는 연산자도 있어요.

**핵심 키워드** #연산자 #논리 연산자 #규칙 #순서

## STEP 1

[수학교과역량] **추론능력**

다음은 연산을 처리하는 〈규칙〉입니다.

**규칙**

• 참은 1, 거짓은 0으로 처리됩니다.
• ★ AND ☆은 ★, ☆이 동시에 참일 때만 참으로 값을 처리합니다.
• ★ OR ☆은 ★, ☆ 중 하나만 참이어도 참으로 값을 처리합니다.

위의 〈규칙〉을 이용하여 다음의 연산을 해결해 보세요.

$(0.3 < 0.7 \text{ OR } 0.458 > 0.46) + (0 \text{ OR } 0) + (0.689 < 0.7 \text{ AND } 0.819 < 0.82) * 5$
$+ (1 \text{ AND } 0) * 2 + (0.25 > 0.255 \text{ OR } 0.326 > 0)$

(                    )

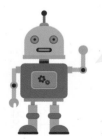

| 논리곱 AND | 논리합 OR |
|---|---|
| 논리곱 AND(그리고, 동시에)는 조건이 모두 참일 때에는 참으로, 그렇지 않으면 전부 거짓으로 처리하는 연산입니다. | 논리합 OR(이거나, 또는)는 조건 중 하나만 참이어도 참으로, 둘다 모두 거짓일 때만 거짓으로 처리하는 연산입니다. |
| 1 AND 1 = 1 (참)<br>1 AND 0 = 0 (거짓)<br>0 AND 1 = 0 (거짓)<br>0 AND 0 = 0 (거짓) | 1 OR 1 = 1 (참)<br>1 OR 0 = 1 (참)<br>0 OR 1 = 1 (참)<br>0 OR 0 = 0 (거짓) |

## STEP 2

로봇 다람이는 문장이 참이면 1로, 거짓이면 0으로 인식합니다. 다음은 로봇 다람이가 문장을 듣고 인식한 결과를 표로 나타낸 것입니다.

| 문장 | 인식 결과 |
| --- | --- |
| 사과는 과일이다. | 1 |
| 물고기는 물에서 살지 않는다. | 0 |
| 사과는 과일이고, 물고기는 물에서 산다. | 1 |
| 사과는 과일이 아니고, 물고기는 물에서 산다. | 0 |
| 사과는 과일이 아니고, 물고기는 물에서 살지 않는다. | 0 |
| 사과는 과일이거나, 물고기는 물에서 산다. | 1 |
| 사과는 과일이 아니거나, 물고기는 물에서 산다. | 1 |
| 사과는 과일이 아니거나, 물고기는 물에서 살지 않는다. | 0 |

다람이에게 아래와 같은 새로운 문장을 말했습니다. 위의 인식 결과를 이용해 두 문장에서 각각 얻은 값을 더하면 얼마인지 구해 보세요.

- 바다에는 물이 있거나, 산에는 흙이 없다.
- 삼각형은 변이 네 개이고, 사각형은 변이 네 개이다.

(          )

# 07 패턴과 이동

규칙따라 모양따라

➤ 정답 및 해설 12쪽

📢 도형이 반복적으로 등장하는 모습에서 아름다움을 느껴본 적이 있나요? 지금부터 도형을 돌리고, 뒤집고, 밀며 다양한 패턴을 만들어 봅시다.

핵심 키워드 ▶ #패턴 #이동 #돌리기 #뒤집기 #밀기

## STEP 1

[수학교과역량] **추론능력**

기본 무늬  를 사용하여 다음과 같은 패턴을 만들려고 합니다.

편집도구에 있는 버튼을 눌러 패턴을 만들었다고 할 때, 이 패턴을 만드는 규칙에 사용되지 않은 편집도구 버튼은 무엇인지 찾아 보세요. (단, 패턴 생성 규칙은 왼쪽에서 오른쪽으로 진행됩니다. 편집도구 버튼은 한 번에 한 가지만 누를 수 있습니다.)

| | ① | ② | ③ | ④ |
|---|---|---|---|---|
| 편집 도구 | 시계 방향으로 90° 돌리기 | 시계 반대 방향으로 90° 돌리기 | 아래쪽으로 뒤집기 | 오른쪽으로 1칸 밀기 |
| | 90° | 90° | ▽△ | 1칸 → |

(                    )

💡생각 쏙쏙  **패턴(pattern)**

패턴(pattern)이란 수, 모양, 현상 등의 배열이 가지고 있는 법칙입니다. 정확한 패턴을 찾는 능력은 문제 상황을 정확하게 분석하여 바라볼 수 있다는 것과 같습니다. 패턴 찾기는 문제해결의 기초 실마리를 제공하므로 중요합니다.

# STEP 2

주어진 기본 무늬 를 활용하여 나만의 패턴을 만들어 보려고 합니다. 편집도구 버튼은 한 칸에만 적용될 수도 있고, 한 열(↓), 한 행(→) 전체에 적용될 수도 있습니다. 기본 무늬를 이용하여 패턴을 만들어 아래 표에 그려 보세요. 그리고 내가 패턴을 만들 때 사용한 규칙을 설명해 보세요. (단, 주어진 편집도구 버튼을 모두 활용해야 합니다.)

| 편집도구 | 시계 방향으로 90° 돌리기 | 시계 반대 방향으로 90° 돌리기 | 아래쪽으로 뒤집기 | 오른쪽으로 1칸 밀기 |
|---|---|---|---|---|
| | 90° | 90° | | 1칸 |

**2 단원**

| | 1열 | 2열 | 3열 | 4열 | 5열 |
|---|---|---|---|---|---|
| 1행 | | | | | |
| 2행 | | | | | |
| 3행 | | | | | |
| 4행 | | | | | |
| 5행 | | | | | |

내가 사용한 규칙: _____

_____

_____

# 08 패턴과 디자인

규칙따라 모양따라

➤ 정답 및 해설 13쪽

📢 도형은 일정한 규칙에 따라 움직이며 아름다운 무늬를 만들 수 있어요. 규칙에 따라 나만의 멋진 무늬를 디자인해 보는 것은 어때요?

**핵심 키워드** #패턴 #반복 #디자인

## STEP 1

[수학교과역량] 추론능력

제제는 자료를 입력하면 다음과 같이 시계 방향으로 한 칸씩 이동하여 자동으로 기호가 변경되어 악보가 인쇄되는 자동 인쇄기를 구입했습니다.

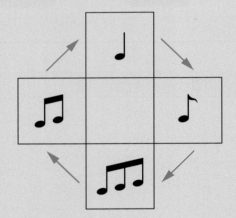

• 예시 •

♩ ♪ 가 인쇄기를 통과하면 ♪ ♫ 로 변환되어 악보에 인쇄되어 나오는 것입니다.

다음 중  을 입력할 때, 인쇄되어 나오는 악보는 무엇인지 찾아보세요.

① ♪ ♫ ♩ ♪ ♫ ♪

② ♫ ♫ ♪ ♩ ♪ ♩

③ ♪ ♩ ♫ ♫ ♪ ♫

④ ♪ ♫ ♩ ♫ ♪ ♫

(                    )

페페가 일정한 규칙에 따라 손수건을 디자인했습니다. 손수건 속 패턴을 파악하여, 물음표 속에 들어갈 무늬를 찾아 보세요.

①

②

③

④

(                    )

### 디지털 이미지 디자인

디지털 이미지 디자인은 컴퓨터 프로그램, 인공지능 장비 등을 활용하여 작업하는 디자인을 말합니다. 모션 그래픽, CG 등의 영상 디자인도 이것에 속합니다. 디지털 이미지 디자인은 기존의 시각 디자인 영역에 포함되지만, 디지털 매체를 기반으로 작업을 한다는 점에서 차별점이 있습니다.

# 도전! 코딩    스크래치(scratch) 다각형을 그리는 마법 연필

(출처: 스크래치(https://scratch.mit.edu))

스크래치는 미국 메사추세츠 공과대학(MIT)의 라이프롱킨더 가든그룹(LKG)에서 만들어 무료로 배포한 블록 코딩 사이트입니다. 스크래치에서는 누구나 자신의 이야기, 게임, 애니메이션을 손쉽게 만들어 다른 사람들과 공유하는 것이 가능합니다. 스크래치에서는 어린이들이 이 과정 속에서 창의적 사고, 체계적 추론 능력, 협업 능력을 키워나갈 수 있다고 소개하고 있습니다. 현재 150개 이상의 나라에서 60개 이상의 언어로 스크래치가 제공되고 있습니다.

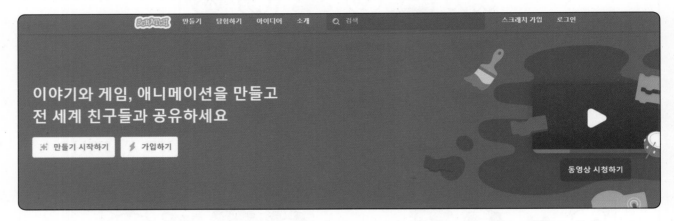

이번 단원에서 우리는 삼각형, 사각형의 속성과 여러 가지 도형 패턴에 대해 공부했습니다.
지금부터는 코딩으로 다각형을 그리는 마법 연필을 직접 만들어 보겠습니다.

## WHAT?

➜ 원하는 다각형 모양을 자유롭게 그리는 마법 연필을 만들어 봅시다.

## HOW?

➜ 휴대폰 화면에서는 전체 화면이 보이지 않을 수 있으므로 정상 실행을 위해서는 탭이나 컴퓨터를 이용하세요.
➜ 우선 튜토리얼 모드에서 스크래치 기본 사용법을 익혀 봅시다.
    QR를 통해 접속하면, 튜토리얼 영상과 실습창을 만날 수 있습니다.

➜ 스크래치의 기본 사용법을 모두 익혔나요? 지금부터 본격적으로 다각형을 그리는 마법 연필 만들기에 들어가겠습니다.

1. 메인 화면의 [만들기] 버튼을 눌러 새 파일을 시작하세요.
2. [모양] 탭을 클릭하여 편집창을 이동하세요.

3. 오른쪽 하단의 '고양이' 버튼에 마우스를 올리면 [스프라이트 고르기] 창이 활성화됩니다. 이것을 누르세요.

4. 왼쪽 상단에 검색창이 있습니다. 검색창에 'pencil'을 입력한 후, 연필 모양의 스프라이트를 클릭하세요.

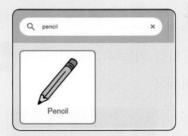

5. 오른쪽 하단의 [스프라이트] 탭을 보세요. 고양이 스프라이트 오른쪽 위의 휴지통 버튼을 클릭하여 고양이 스프라이트를 삭제하고, 연필 스프라이트만 남겨두세요.

6. 모양 편집창에서 마우스로 연필 모양 전체를 드래그해 주세요. 드래그한 후에는 오른쪽 그림과 같이 연필의 구성요소들이 모두 선택된 것이 보입니다.

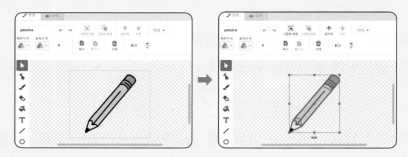

7. 연필의 끝을 중앙에 맞춰 이동하세요.

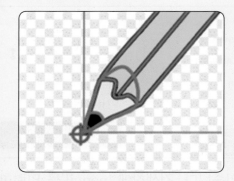

8. [코드] 탭을 클릭하여 편집창으로 이동하세요.

9. 코드창의 왼쪽 맨 아래에서 [확장 기능 추가하기] 버튼 을 클릭하세요.

10. '펜 기능'을 클릭하여 추가하세요.

11. [스프라이트] 탭에서 연필 스프라이트를 클릭한 상태로 다음의 그림을 참고하여 코드를 작성해주세요.

이때, 노란색 블록은 [이벤트] 탭에서, 주황색 블록은 [제어] 탭에서, 파랑색 블록은 [동작] 탭에서, 녹색 블록은 [연산] 탭에서, 청록색 블록은 [펜] 탭에서 찾아 보세요.

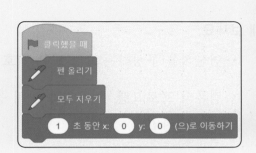

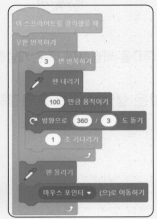

12. 실행창 왼쪽 상단에 있는 실행 버튼 을 누르고, 내가 만든 다각형을 그리는 마술 연필이 제대로 작동하는지 확인해 보세요.

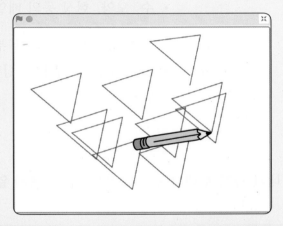

**tip** 마법 연필을 더 정교하게 만들고 싶나요? 연필의 색과 굵기를 바꾸기, 다각형의 종류를 다르게 하기, 다각형이 그려지는 위치를 고정시키거나 다른 방법으로 변화주기 등의 방법을 사용해 보세요.

# DO IT!

➡ 사이트에 직접 접속하여 코딩을 해 봅시다. 코딩 후엔 꼭 실행해 보세요.

▲ 직접 코딩 해 보기

# 정리 시간

≫ 정답 및 해설 14쪽

〈2단원–규칙대로 척척〉을 학습하며 배운 개념들을 정리해 보는 시간입니다.

**1** 용어에 알맞은 설명을 선으로 연결해 보세요.

피보나치 수열 •          • 연산식을 구성하는 요소 또는 기호

연산자 •                 • 컴퓨터 프로그램, 인공지능 장비 등을 활용하여 작업
                           하는 디자인

패턴 •                   • 앞의 두 수를 더하면 바로 뒤의 수가 되는 규칙적인
                           수의 배열

추상화 •                 • 수, 모양, 현상 등의 배열이 가지고 있는 법칙

디지털 이미지
디자인 •                 • 문제해결에 꼭 필요한 부분은 선택하고, 필요하지 않
                           은 부분은 삭제하여, 상황을 간단하고 이해하기 쉽게
                           만드는 것

**2** 이번 단원을 배우며 내가 규칙에 대하여 알고 있던 것, 새롭게 알게 된 것, 더 알고 싶은 것을
정리해 봅시다.

| | |
|---|---|
| (1) 내가 규칙에 대해 알고 있던 것 | |
| (2) 내가 규칙에 대해 새롭게 알게 된 것 | |
| (3) 내가 규칙에 대해 더 알고 싶은 것 | |

게임 예시

인공지능이 할 수 있는 일은 어디까지 왔을까요? 생활의 편의를 돕는 일에서 예술의 영역까지 인공지능의 활약은 끝을 모르고 커지고 있습니다. 인간이 사용하는 규칙을 단순히 학습하는 데 그치지 않고, 이를 토대로 자신만의 새로운 창작물을 만드는 능력까지 습득하게 된 것입니다. 2017년 이탈리아에서는 인공지능 지휘자 YuMi가 Lucca 오케스트라를 지휘하며 유명 성악가 안드레아 보첼리와 함께 협연도 했습니다. 우리도 YuMi와 같은 인공지능 지휘자를 만들 수 있을까요?

◀ 인공지능 지휘자 Yumi
(출처: PRAN-프란 「인공지능 로봇, 오케스트라를 지휘하다」)

인공지능 지휘자를 만들기 전에 간단한 오케스트라 지휘의 규칙을 먼저 알아둘 필요가 있겠지요?

**[지휘의 규칙]**

1. 오른손으로 리듬, 빠르기, 강도를 명령한다.
2. 왼손은 오른손을 보조한다.
3. 팔을 강하게 움직이면 음악이 빨라진다.
4. 몸을 위로 크게 움직이면 소리를 키운다.
5. 몸이 가리키는 방향의 악기들에게 명령을 내린다.

▲ (출처: Experiments with Google 「AI Experiment: Semi-Conductor」)

**지금부터 Google Semi-Conductor를 이용하여 인공지능 지휘자가 되어 봅시다.**

➡ http://semiconductor.withgoogle.com

※ 인공지능 지휘자가 되기 위해서 웹캠이 장착된 데스크톱 컴퓨터, 노트북을 사용하여 링크에 접속해 주세요. 휴대폰이나 태블릿PC는 사용이 불가능합니다.

# 한 발자국 더 — 프로그래밍 속 규칙 **연산자**

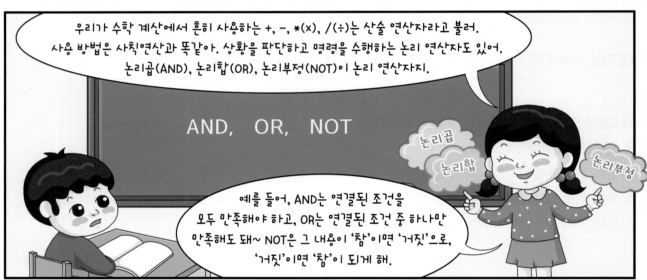

# 3

# 알고리즘이 쑥쑥

## 학습활동 체크체크

| 학습내용 | 공부한 날 | | 개념 이해 | 문제 이해 | 복습한 날 | |
|---|---|---|---|---|---|---|
| 1. 순서대로 생각하기 | 월 | 일 | | | 월 | 일 |
| 2. 일상생활과 알고리즘 | 월 | 일 | | | 월 | 일 |
| 3. 알고리즘과 분류 | 월 | 일 | | | 월 | 일 |
| 4. 도형과 알고리즘 | 월 | 일 | | | 월 | 일 |
| 5. 경로와 알고리즘 | 월 | 일 | | | 월 | 일 |
| 6. 짧은 길과 알고리즘 | 월 | 일 | | | 월 | 일 |
| 7. 무게와 알고리즘 | 월 | 일 | | | 월 | 일 |
| 8. 정렬과 알고리즘 | 월 | 일 | | | 월 | 일 |

# 01

순서대로 차곡차곡

# 순서대로 생각하기

≫ 정답 및 해설 14쪽

📢 우리의 일상을 살펴보면 하나씩 순서대로 일이 진행되는 것이 많습니다. 이렇게 순서대로 생각하는 것은 컴퓨터와 같은 기계도 마찬가지입니다.

**핵심 키워드** #순차구조 #알고리즘

## STEP 1

[수학교과역량] **추론능력, 창의·융합능력**

제제와 페페는 설명을 듣고 그림을 그리는 놀이를 하고 있습니다. 다음 〈예시〉와 같이 설명의 순서대로 그림을 그려 완성해 보세요.

**› 예시 ‹**

| 설명 | 그림 |
|---|---|
| 1. 얼굴은 정사각형 모양이에요.<br>2. 눈썹은 옆으로 길쭉한 직사각형 모양이에요.<br>3. 눈은 웃고 있어요.<br>4. 코는 작고 동그란 원 모양이에요.<br>5. 입은 옆으로 길쭉한 원 모양이에요. | →  |

| 설명 | 그림 |
|---|---|
| 1. 얼굴은 동그란 원 모양이에요.<br>2. 눈썹은 갈매기 모양이에요.<br>3. 눈은 작은 검정색 원이에요.<br>4. 코는 정삼각형 모양이에요.<br>5. 입은 원을 반으로 자른 모양이고, 웃고 있어요.<br>6. 귀도 원을 반으로 자른 모양이고, 얼굴 양 옆에 붙어 있어요.<br>7. 얼굴 위에 머리카락이 세 가닥 있어요. | → |

 **순차구조**

컴퓨터와 같은 기계들은 일을 할 때 순서대로 처리합니다. 이렇게 순서대로 일을 처리하는 것을 순차구조라 합니다.

# STEP 2

제제와 페페는 맛있는 햄버거를 만드려고 합니다. 제제와 페페가 각각 다음과 같은 순서로 재료를 아래에서부터 차례로 쌓아 햄버거를 만들었을 때, 완성된 햄버거의 모습을 색칠해 보세요.

- 제제: 빵 → 치즈 → 양상추 → 고기패티 → 토마토 → 양상추 → 빵
- 페페: 빵 → 양상추 → 고기패티 → 치즈 → 고기패티 → 토마토 → 빵

[재료의 색]

치즈: 노란색(　) 양상추: 초록색(　) 고기패티: 갈색(　) 토마토: 빨간색(　)

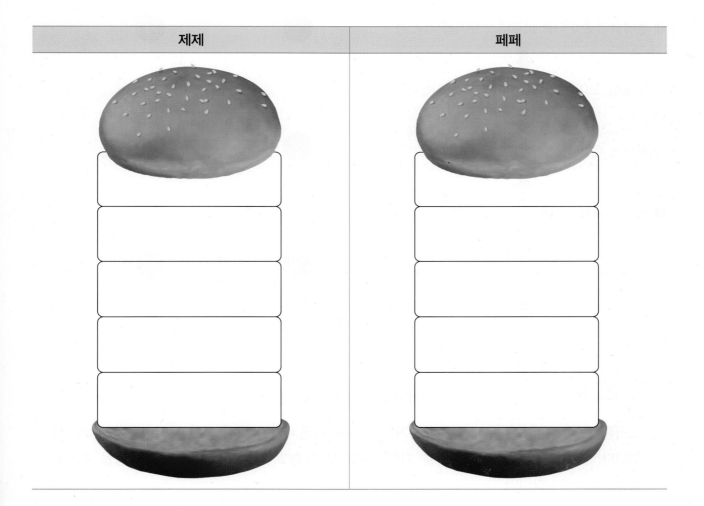

| 제제 | 페페 |
|---|---|

# 02 일상생활과 알고리즘

≫ 정답 및 해설 15쪽

📢 알고리즘(algorithm)은 문제를 해결하거나 기계를 작동시키기 위해 필요한 명령들을 모아놓은 것입니다. 컴퓨터와 같은 기계를 작동시키기 위해서 꼭 필요한 것이 바로 이 알고리즘이에요.

**핵심 키워드** ＃순서도 ＃알고리즘

**STEP 1**

[수학교과역량] 창의·융합능력, 정보처리능력, 추론능력

외출을 하고 온 페페는 깨끗하게 손을 씻으려고 합니다. 다음은 페페가 손을 깨끗하게 씻기 위한 단계라고 할 때, 그림에 알맞은 순서로 번호를 써 넣으세요.

❶ 손바닥과 손바닥을 마주대고 문지릅니다.

↓

❷ 두 손을 모아 손가락을 마주잡고 문지릅니다.

↓

❸ 손등과 손바닥을 마주대고 문지릅니다.

↓

❹ 엄지 손가락을 다른 손으로 문지릅니다.

↓

❺ 손바닥을 마주대고 손깍지를 끼고 문지릅니다.

↓

❻ 손바닥에 손톱을 문지릅니다.

**생각 쏙쏙** **알고리즘(Algorithm)과 순서도(Flow Chart)**

알고리즘(Algorithm)은 문제를 해결하거나 기계를 작동시키기 위해 필요한 명령들을 모아놓은 것입니다. 그리고 이러한 알고리즘을 기호와 도형으로 쉽고 간단하게 나타내는 방법을 순서도(Flow Chart)라 합니다.

# STEP 2

[수학교과역량] 정보처리능력, 추론능력

다음은 코코의 하루를 나타낸 그림입니다. 다음 그림을 보고, 빈칸에 알맞은 말을 써 넣으세요.

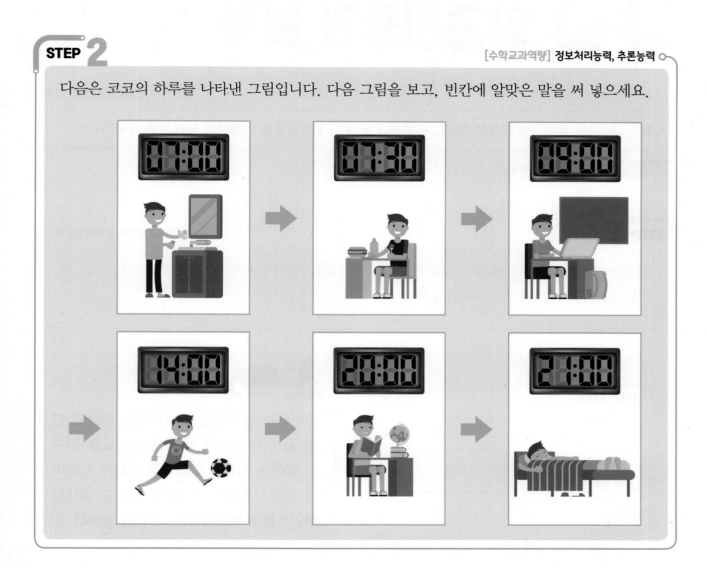

3
단원

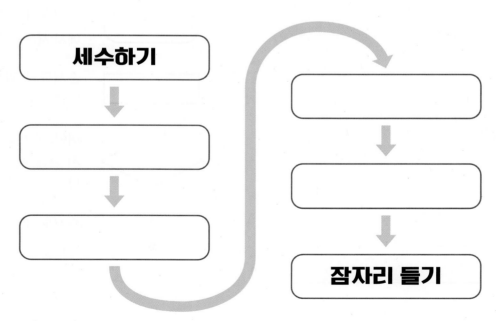

세수하기

잠자리 들기

# 03 알고리즘과 분류

≫ 정답 및 해설 15쪽

📢 알고리즘은 무언가를 분류할 때에도 유용하게 쓰여요. 알고리즘을 이해하고 직접 분류해 볼까요?

**핵심 키워드** ▶ #알고리즘 #분류

## STEP 1

[수학교과역량] **추론능력, 문제해결능력**

페페는 과일을 기준에 따라 정리하려고 합니다. 다음 빈칸 (가)~(다)에 들어갈 과일에는 무엇이 있을지 두 가지 이상씩 써 보세요.

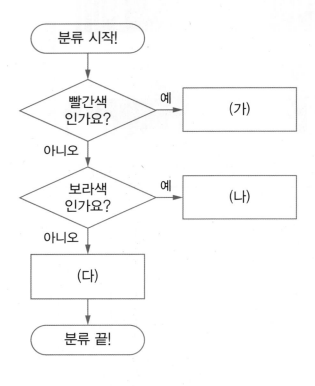

**생각 쏙쏙** | **순서도**

순서도는 알고리즘을 나타내는 간단한 방법 중 하나입니다. 이러한 순서도를 만드는 데에는 일정한 약속으로 정해둔 도형이나 기호가 있습니다. 특히, 마름모 속에는 무언가를 선택해야 하는 조건을 넣습니다.

| 기호 | 의미 |
|---|---|
| ⬭ | 순서도의 시작과 끝에서 사용합니다. |
| ▭ | 순서도의 과정을 나타냅니다. |
| ◇ | 어떤 선택을 할 것인지 물을 때 사용합니다. |
| ↓ | 순서도의 흐름을 나타냅니다. |

(가) _____

(나) _____

(다) _____

[수학교과역량] **추론능력, 문제해결능력**

제제는 쓰레기 분리수거를 하려고 합니다. 다음과 같이 쓰레기를 기준에 맞게 분류하기 위한 순서도를 만들 때, 빈칸 (가), (나)에 들어갈 알맞은 조건을 써 보세요.

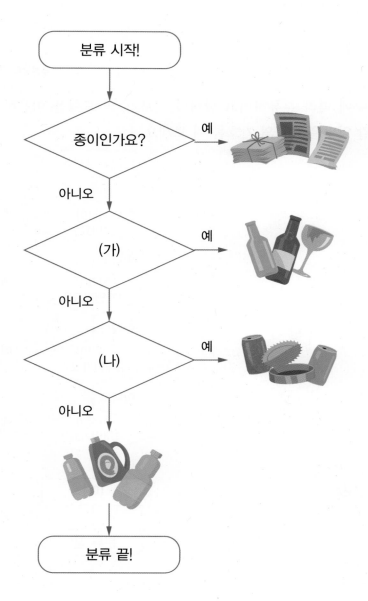

(가) _____

(나) _____

# 04 도형과 알고리즘

도형을 분류해요

≫ 정답 및 해설 16쪽

도형은 조건에 따라 서로 다른 이름으로 불립니다. 알고리즘을 이용해서 도형을 분류해 봅시다.

**핵심 키워드** #순서도 #분류 #알고리즘

## STEP 1

[수학교과역량] **추론능력, 문제해결능력, 정보처리능력**

도형을 직각의 개수에 따라 분류하려고 합니다. 〈보기〉의 도형을 이용하여 순서도의 빈칸 (가)~(마)에 들어갈 알맞은 도형의 기호를 써 보세요.

**보기**

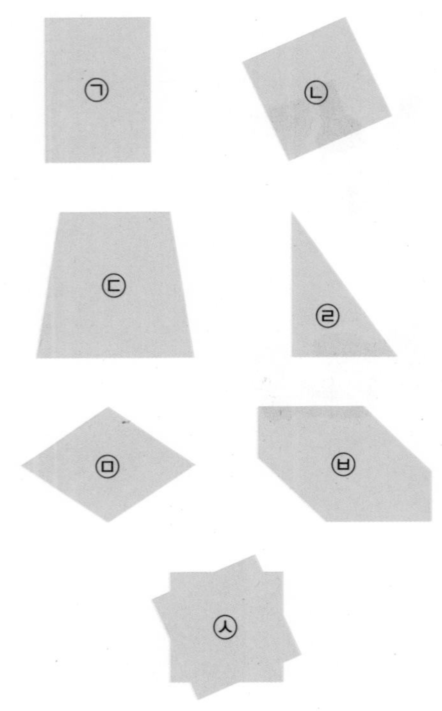
㉠
㉡
㉢
㉣
㉤
㉥
㉦

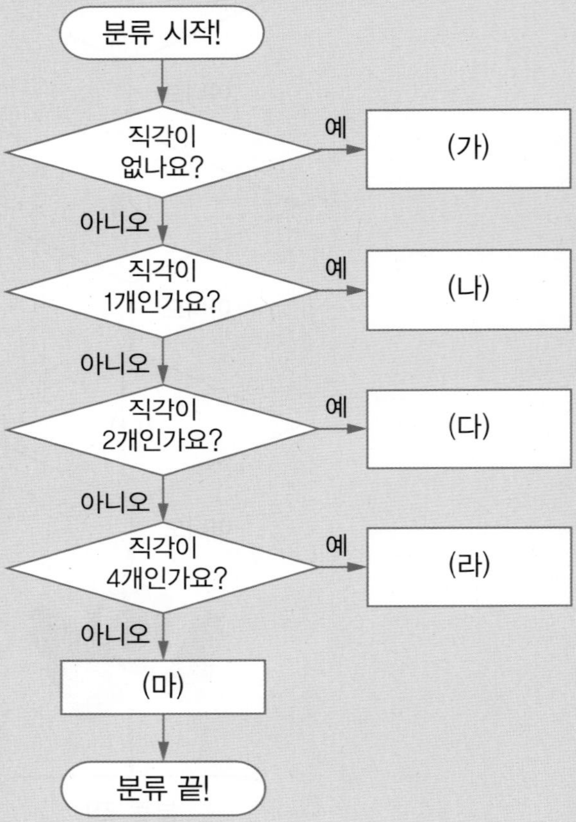
분류 시작!
직각이 없나요?
예
(가)
아니오
직각이 1개인가요?
예
(나)
아니오
직각이 2개인가요?
예
(다)
아니오
직각이 4개인가요?
예
(라)
아니오
(마)
분류 끝!

(가) ____________________ (나) ____________________

(다) ____________________ (라) ____________________

(마) ____________________

## STEP 2

다음 〈보기〉의 도형을 각각의 기준에 따라 분류해 보려고 합니다. 순서도의 빈칸 (가)~(다)에 들어갈 알맞은 도형의 기호를 써 보세요.

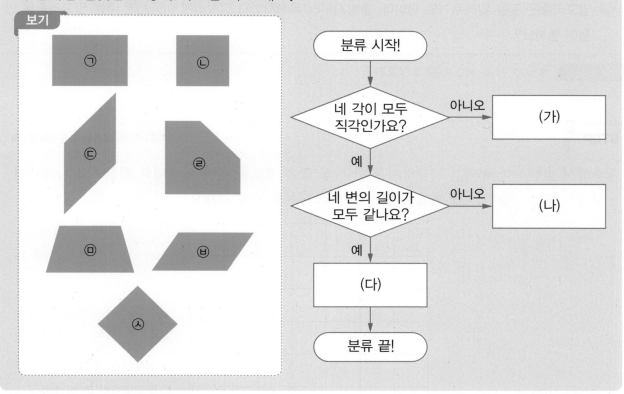

(가) _____

(나) _____

(다) _____

 **여러 가지 사각형**

사다리꼴: 마주보는 한 쌍의 변이 평행인 사각형

평행사변형: 마주보는 두 쌍의 변이 각각 평행인 사각형

직사각형: 네 각이 모두 직각인 사각형

마름모: 네 변의 길이가 모두 같은 사각형

정사각형: 네 각이 모두 직각이고 네 변의 길이가 모두 같은 사각형

# 05 경로와 알고리즘

어떻게 갈까요?

➤ 정답 및 해설 17쪽

📢 알고리즘은 길을 알려주기도 합니다. 출발지부터 목적지까지 정확하게 이동시켜 주는 알고리즘을 만들어 볼까요?

**핵심 키워드** #최단 경로 #그래프 #알고리즘

## STEP 1

[수학교과역량] **추론능력, 문제해결능력**

☆에서 출발하여 ★까지 도착하기 위한 가장 짧은 경로를 찾아 차례대로 화살표로 나타내어 보세요. 또, 이동하는 데 필요한 화살표의 총 개수를 구해 보세요.

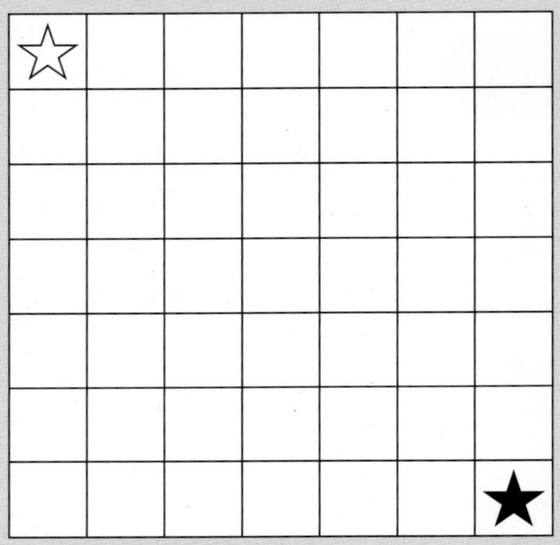

↑ 위쪽으로 한 칸 이동
↓ 아래쪽으로 한 칸 이동
→ 오른쪽으로 한 칸 이동
← 왼쪽으로 한 칸 이동

필요한 화살표의 총 개수: _____개

수달의 먹이는 물고기이고, 원숭이의 먹이는 바나나입니다. 수달과 원숭이가 가장 짧은 길로 먹이를 찾아갈 수 있도록 경로를 표시해 보세요. 또, 먹이를 찾아가기 위한 알고리즘을 화살표로 표현해 보세요.

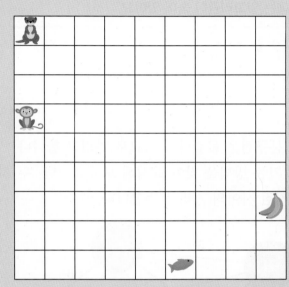

↑ 위쪽으로 한 칸 이동
↓ 아래쪽으로 한 칸 이동
→ 오른쪽으로 한 칸 이동
← 왼쪽으로 한 칸 이동

3
단원

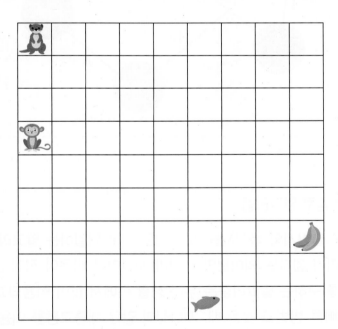

# 06 짧은 길과 알고리즘

마을을 연결해요

▶ 정답 및 해설 18쪽

📢 우리는 어딘가를 찾아갈 때, 최소한의 시간과 노력을 들여 가장 짧은 길로 가기 위해 네비게이션을 이용합니다. 이 네비게이션에는 알고리즘이 숨어 있어요.

**핵심 키워드** #최단 경로 #알고리즘 #최소 신장 트리

## STEP 1

[수학교과역량] **추론능력, 문제해결능력**

제제는 집에서 출발하여 문구점을 들렀다가 학교로 가려고 합니다. 쓰여있는 숫자가 거리를 뜻할 때, 가장 짧은 길로 가는 방법을 찾아 표시해 보세요. (단, 두 지점을 연결하는 선 위에 적혀 있는 숫자는 그 두 지점 사이의 거리를 뜻합니다.)

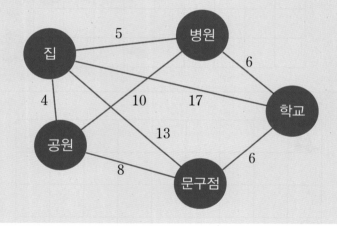

### 🧠생각 쏙쏙 　최단 경로 알고리즘

최단 경로 알고리즘은 출발지와 목적지를 가장 짧은 길로 연결하는 알고리즘입니다. 여기서 '짧다'라는 것은 실제 거리가 짧다는 의미뿐만 아니라 시간이나 비용이 적게 든다는 것을 의미하기도 합니다. 최단 경로를 구하는 알고리즘은 우리 생활 속에서 많이 적용되고 있습니다. 심부름을 가기 위해 가장 짧고 빠른 방법을 찾을 때, 지하철과 같은 대중교통을 이용하여 가장 빨리 가는 방법을 찾을 때 등 우리는 머릿속으로 최단 경로 알고리즘을 그리고 있는 것입니다. 최단 경로 알고리즘은 네비게이션의 원리 중 없어서는 안될 중요한 원리입니다.

[수학교과역량] 추론능력, 문제해결능력

다음은 페페네 마을 지도를 간단하게 나타낸 것입니다. 각각의 출발지에서 도착지로 가는 최단 경로를 찾아 설명해 보세요. (단, 두 지점을 연결하는 선 위에 적혀 있는 숫자는 그 두 지점 사이의 거리를 뜻합니다.)

| 구분 | 출발지 | 도착지 |
|------|--------|--------|
| (1) | 집 | 은행 |
| (2) | 식당 | 마트 |
| (3) | 집 | 수영장 |

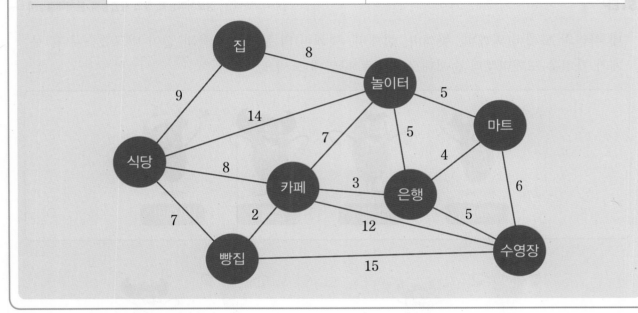

(1) _____

_____

_____

(2) _____

_____

_____

(3) _____

_____

_____

# 07

차례대로 나열해요

# 무게와 알고리즘

📢 무게가 무거운 것(또는 가벼운 것)부터 순서대로 나열하기 위해서는 물체들의 무게를 서로 비교해 나가며 그 위치를 바꾸어야 합니다. 무게를 비교하고, 무거운 것(또는 가벼운 것)부터 순서대로 나열해 봅시다.

**핵심 키워드** #무게 #비교 #정렬 알고리즘

**STEP 1**

[수학교과역량] 정보처리능력, 창의·융합능력, 문제해결능력

네 마리의 도깨비(먹깨비, 핫깨비, 힘깨비, 멋깨비)의 무게를 다음과 같이 비교했습니다. 무게가 가벼운 도깨비부터 순서대로 차례로 나열해 보세요.

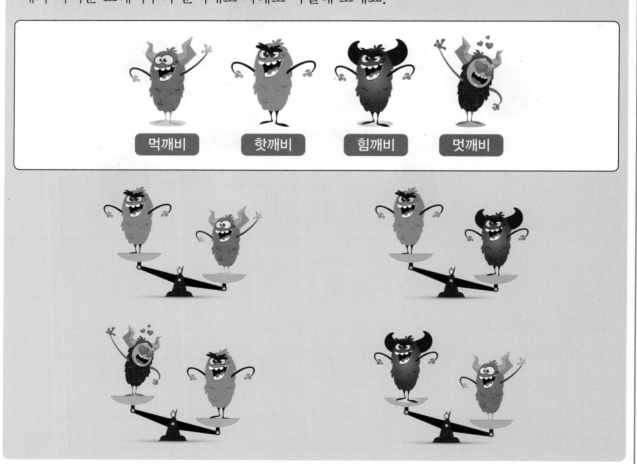

( 　　　　　　　　　　　　　　　　　　 )

## STEP 2

[수학교과역량] **창의·융합능력, 추론능력, 문제해결능력**

다음 〈보기〉와 같이 무게가 서로 다른 5종류의 도깨비 방망이가 있습니다. 무게가 무거운 방망이부터 순서대로 기호를 써서 나열해 보세요.

> **보기**
>
> ㄱ     ㄱ     ㄴ     ㄷ     ㄹ     ㅁ

(                                                  )

➤ 정답 및 해설 20쪽

📢 자료를 순서대로 나열하기 위해서는 '정렬'의 과정이 필요합니다. 정렬 알고리즘에 대해서 알아 볼까요?

**핵심 키워드**  #정렬 알고리즘 #버블정렬 #선택정렬

💡 **생각 쏙쏙** | **버블정렬과 선택정렬**

### 버블정렬

버블정렬은 앞에서부터 이웃한 두 개를 서로 비교해서 큰 것을 뒤로 보내는 방법입니다. 버블정렬은 가장 큰 것을 찾아 맨 뒤로 보내고, 그 다음 큰 것을 찾아 맨 뒤에서 두 번째로 보내는 과정을 차례로 반복하며 정렬하는 방법입니다.

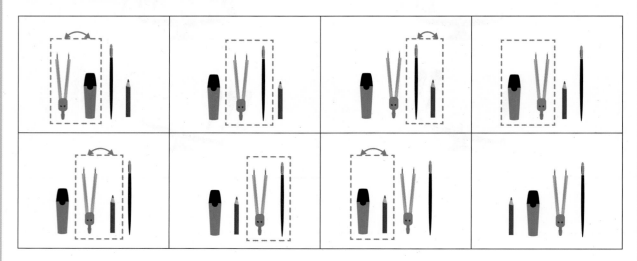

### 선택정렬

선택정렬은 가장 작은 것을 찾아 맨 앞의 것과 자리를 바꾸는 방법입니다. 가장 작은 것을 찾아 맨 앞의 것과 바꾸고, 그 다음 작은 것을 찾아 두 번째 자리의 것과 바꾸는 과정을 차례로 반복합니다. 즉, 가장 작은 것을 찾아 가장 앞의 것과 교환해 나가는 정렬 방식입니다.

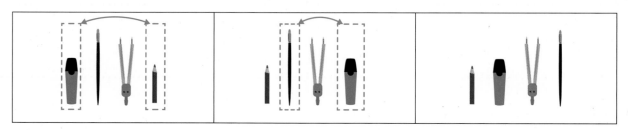

[수학교과역량] **추론능력, 문제해결능력**

제제는 필통 속의 필기도구 5개를 한 줄로 세웠습니다. 이때, 버블정렬의 방법으로 길이가 짧은 것에서부터 길이가 긴 것으로 순서대로 한 줄로 세우기 위해서 총 몇 번의 교환이 있어야 하는지 구해 보세요.

3
단원

(                                                    )

## STEP 2

[수학교과역량] 추론능력, 문제해결능력

페페는 공원의 강아지들을 한 줄로 세웠습니다. 이때, 선택정렬의 방법으로 키가 작은 강아지부터 키가 큰 강아지의 순서대로 한 줄로 세우기 위해서 총 몇 번의 교환이 있어야 하는지 구해 보세요.

( )

# 도전! 코딩 엔트리(entry) 굴려굴려 주사위!

(출처: 엔트리(https://playentry.org))

우리는 1단원에서 엔트리를 이용해 그림을 그리는 프로그램을 만들어 보았습니다.

이번 3단원에서는 알고리즘을 바탕으로, 1부터 6까지의 수가 나오는 주사위를 만들어 보겠습니다.

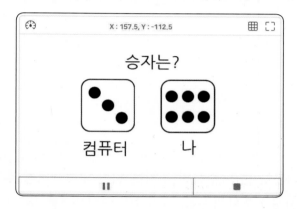

# WHAT?

→ 시작 버튼을 눌렀을 때 컴퓨터의 주사위의 눈의 수가 1부터 6까지의 수로 무작위로 나오고, 나의 주사위를 클릭했을 때 나의 주사위의 눈의 수가 1부터 6까지의 수로 무작위로 나와서 승자가 결정되는 프로그램을 만들어 봅시다.

# HOW?

→ 휴대폰 화면에서는 전체 화면이 보이지 않을 수 있으므로 정상 실행을 위해서는 탭이나 컴퓨터를 이용하세요.

→ 우선 미션 모드에서 엔트리의 기본 사용법을 익혀 봅시다.

링크를 통하여 접속하면, 미션을 수행하며 엔트리의 기본 사용법을 배울 수 있습니다.

| 난이도 | 쉬움 | 보통 | 어려움 |
|---|---|---|---|
| 링크 |  |  |  |

안심Touch

1. 메인 화면의 [작품 만들기] 탭을 눌러 새 파일을 시작하세요.
2. 왼쪽 상단의 '＋' 버튼을 눌러 장면 2를 추가합니다.

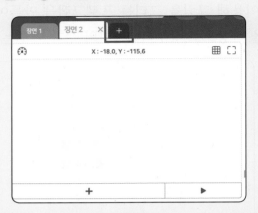

3. 장면 2 하단의 '＋' 버튼을 눌러 주사위 게임을 위한 오브젝트를 추가합니다. (검색창에 '주사위'를 입력해 추가하세요.) 주사위 눈의 수가 1인 오브젝트를 두 개 추가합니다.

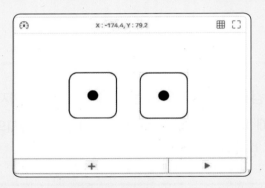

4. 장면 2 하단의 '＋' 버튼을 눌러 글상자를 추가합니다. 글상자 1에는 '승자는?', 글상자 2에는 '컴퓨터', 글상자 3에는 '나'라고 적습니다.

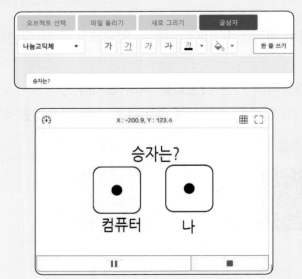

5. 다음은 주사위를 클릭하여 1부터 6까지의 수가 무작위로 나오도록 코딩합니다. 주사위 오브 젝트를 클릭한 후 오른쪽 [모양] 탭을 누르면 다음과 같이 1부터 6까지의 주사위를 확인할 수 있습니다.

6. '컴퓨터' 주사위를 누른 후, [블록] 탭을 클릭하여 코딩을 시작합니다. 다음과 같이 시작하기 버튼을 클릭했을 때 주사위가 여러 가지 모양이 10번 반복되도록 합니다.

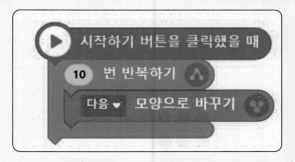

7. 다음으로 '~ 모양으로 바꾸기' 블록을 넣고, ~에 '0부터 10 사이의 무작위 수' 블록을 넣습 니다. 그리고 10을 6으로 수정합니다.

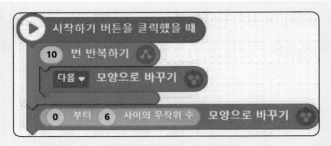

8. '컴퓨터' 주사위의 선택이 끝났음을 나타내는 메시지를 표시하기 위해 다음과 같이 코딩합니다.

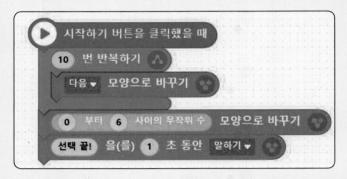

9. 다음은 '나' 주사위를 코딩합니다. '나' 주사위를 누른 후, [블록] 탭을 클릭하여 코딩을 시작합니다. 오브젝트를 클릭했을 때 주사위가 나오도록 조건을 변경하여 다음과 같이 코딩합니다.

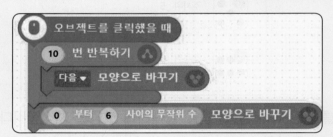

10. [시작하기] 버튼 ▶을 눌렀을 때 '컴퓨터' 주사위의 눈이 무작위로 잘 나타나는지 확인해 봅니다.

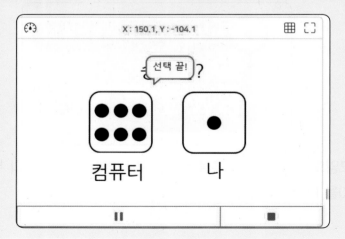

11. '나' 주사위를 클릭하였을 때 주사위의 눈이 무작위로 잘 나타나는지 확인해 봅니다.

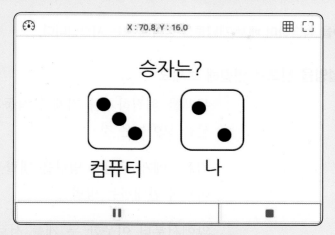

12. 주사위의 눈의 수를 보고 승자가 누구인지 결정합니다.

# DO IT!

➜ 사이트에 접속하여 직접 코딩해 봅시다. 코딩 후엔 꼭 실행해 보세요.

▲ 직접 코딩 해 보기

안심Touch

>> 정답 및 해설 21쪽

〈3단원-알고리즘이 쑥쑥〉을 학습하며 배운 개념들을 정리해 보는 시간입니다.

**1** 용어에 알맞은 설명을 선으로 연결해 보세요.

순차구조 •

알고리즘 •

순서도 •

최단 경로 알고리즘 •

버블정렬 •

선택정렬 •

• 문제를 해결하거나 기계를 작동시키기 위해 필요한 명령들을 모아놓은 것

• 컴퓨터에게 무언가 명령을 내릴 때 하나씩 순서대로 일을 하도록 안내하는 방법

• 앞에서부터 이웃한 두 개를 서로 비교해서 큰 것을 뒤로 보내는 방법

• 출발지와 목적지를 가장 짧은 길로 연결하는 알고리즘

• 가장 작은 것을 찾아 맨 앞의 것과 교환하는 과정을 반복하는 방법

• 알고리즘을 기호와 도형으로 쉽고 간단하게 나타내는 방법

**2** 나의 일상을 잘 살펴보고, 반복되는 일을 알고리즘으로 표현해 봅시다.

> ─ 예시 ─
> ① 아침에 일어나기 → 세수 양치하기 → 아침 먹기 → 등교 준비하기
> ② 월, 수, 금요일은 하교하고 태권도 가기 → 수학 공부하기 → 저녁 먹기 → TV 드라마 보기

| 인원 | 2인~ | 소요시간 | 5분 |
|---|---|---|---|
| 준비물 | 종이컵 20개, 사탕(또는 초콜릿) | | |
| **방법** | | | |

❶ 종이컵 아랫면에 1부터 20까지 숫자를 각각 하나씩 써 주세요.

❷ 술래는 종이컵 중 하나에 사탕을 숨깁니다.

❸ 플레이어는 종이컵 하나를 골라 사탕을 찾습니다.

❹ 정답을 외칠 기회는 총 4번이며, 술래는 정답과 비교하여 컵의 숫자보다 정답이 크면 DOWN, 작으면 UP을 외칩니다.

❺ 정답을 맞추면 플레이어가 사탕을 갖고, 맞추지 못하면 술래가 사탕을 갖습니다.

| 1 | 2 | 3 | 4 | 5 | 6 | 7 | 8 | 9 | 10 |
|---|---|---|---|---|---|---|---|---|---|
| 11 | 12 | 13 | 14 | 15 | 16 | 17 | 18 | 19 | 20 |

| 11 | | 1 | 2 | 3 | 4 | 5 | 6 | 7 | 8 | 9 | 10 |
|---|---|---|---|---|---|---|---|---|---|---|---|
| | | | 12 | 13 | 14 | 15 | 16 | 17 | 18 | 19 | 20 |

**Play** 게임 예시

5입니까? — UP!

10입니까? — UP!

13입니까? — Down!

음… 11입니까? — 정답!

# 추천 알고리즘 내 마음 속으로~

# 4

# 나는야 데이터 탐정

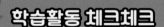

# 01 그림으로 정리해요
# 데이터와 그림그래프

정답 및 해설 22쪽

📢 우리 주변에는 다양한 자료 및 정보들로 가득합니다. 이러한 자료 및 정보를 우리는 데이터(Data)라고 해요. 그림으로 데이터를 표현해 봅시다.

**핵심 키워드** #데이터 #그림그래프

## STEP 1

[수학교과역량] 추론능력, 창의·융합능력

페페는 온라인 동영상 채널을 만들어 여행에서 찍은 재미있는 영상들을 올렸습니다. 다음은 페페가 올린 여행 동영상의 월별 조회 수를 조사하여 표로 나타낸 것입니다. 물음에 답하세요.

### 여행 동영상의 월별 조회 수

| 월 | 4 | 5 | 6 | 7 | 8 | 합계 |
|---|---|---|---|---|---|---|
| 조회 수(회) | 15 | 40 | 87 | 117 | | 400 |

(1) 페페의 여행 동영상 중 8월의 조회 수는 얼마인지 구해 보세요.

(             )회

(2) 페페의 여행 동영상의 월별 주회 수를 그림그래프로 나타내어 보세요.

**(단, 그림을 가장 적게 사용하여 나타냅니다.)**

### 여행 동영상의 월별 조회 수

| 월 | 조회 수 |
|---|---|
| 4월 | |
| 5월 | |
| 6월 | |
| 7월 | |
| 8월 | |

● 100회
◉ 50회
◎ 10회
○ 1회

# STEP 2

다음은 제제의 책장에 꽂혀 있는 책들을 종류별로 분류하여 그림그래프로 나타낸 것입니다. 이 그림그래프를 보고, 빈칸에 알맞은 수를 써서 표를 완성해 보세요. 또 이 표를 통해 알 수 있는 점을 2가지 이상 서술해 보세요.

## 제제의 책장에 꽂혀 있는 책

| 종류 | 책의 수 |
|---|---|
| 동화책 | |
| 과학책 | |
| 위인전 | |
| 영어책 | |

10권 / 1권

## 제제의 책장에 꽂혀 있는 책

| 종류 | 동화책 | 과학책 | 위인전 | 영어책 | 합계 |
|---|---|---|---|---|---|
| 책의 수(권) | | | | | |

알 수 있는 점: _____

_____

### 생각 쏙쏙   데이터(Data)와 그림그래프

데이터(Data)란 숫자와 문자, 기호 등으로 표현된 모든 정보를 이르는 말입니다. '데이터(Data)'는 '주어진 것'이라는 뜻의 라틴어 'datum'의 복수형에서 유래되었습니다. 우리 주변에 있는 모든 정보와 사실들이 모두 데이터가 되는 것이지요.

이런 데이터를 표현하는 방법은 다양합니다. 그중 그림그래프는 조사한 수를 그림으로 나타낸 그래프입니다. 그림그래프는 자료의 수량을 자료의 특징에 알맞은 그림의 크기와 개수로 나타내므로 수량의 많고 적음을 쉽게 알 수 있습니다.

# 02 데이터와 막대그래프

막대로 정리해요

➤ 정답 및 해설 23쪽

📢 우리 주변의 데이터(data)를 표현하는 다양한 방법 중 막대그래프로 표현하는 방법에 대해 알아 볼까요?

**핵심 키워드** ➤ #데이터 #막대그래프

## STEP 1

[수학교과역량] 창의·융합능력, 정보처리능력, 추론능력

다음은 페페의 컴퓨터 바탕화면에 있는 폴더 속 파일의 수를 표로 나타낸 것입니다. 다음 표를 막대그래프로 나타내어 보세요.

### 컴퓨터 바탕화면에 있는 폴더 속 파일 수

| 폴더 이름 | 숙제 | 사진 | 노래 | 게임 | 동영상 | 합계 |
|---|---|---|---|---|---|---|
| 파일 수(개) | 18 | 22 | 14 | 10 | 6 | 70 |

(                                                    )

| (개) | | | | | |
|---|---|---|---|---|---|
| 20 | | | | | |
| 15 | | | | | |
| 10 | | | | | |
| 5 | | | | | |
| 0 | | | | | |
| 파일 수 / 폴더 이름 | 숙제 | 사진 | 노래 | 게임 | 동영상 |

# STEP 2

[수학교과역량] 정보처리능력, 추론능력

제제는 주사위를 굴려 나온 눈의 수의 횟수를 조사하여 표로 정리하고, 막대그래프로 나타내려고 합니다. 빈칸에 알맞은 수를 써서 표를 완성해 보세요. 또, 나온 횟수를 막대가 가로인 막대그래프로 나타내어 보세요.

**주사위의 눈의 수별 나온 횟수**

| 눈의 수 | 1 | 2 | 3 | 4 | 5 | 6 | 합계 |
|---|---|---|---|---|---|---|---|
| 횟수(회) | 8 | 5 | 16 | 9 | 7 | | 60 |

(                                                                                                   )

눈의 수 / 횟수

(회)

 **막대그래프**

조사한 자료를 막대 모양으로 나타낸 그래프를 막대그래프라고 합니다. 막대그래프는 각 항목별 수량을 한눈에 비교하기 쉬우며 전체적인 경향을 한눈에 알기 쉽다는 장점이 있습니다. 막대그래프를 그리거나 해석할 때에는 눈금 한 칸의 크기가 얼마인지 주의하여야 합니다.

# 03 데이터와 꺾은선그래프

➤ 정답 및 해설 23쪽

📢 데이터를 나타내는 또 다른 방법은 바로 꺾은선그래프를 이용하는 것입니다. 꺾은선그래프에서 선의 기울어진 모양과 기울어진 정도를 살펴보면 자료값의 변화를 알 수 있어요.

**핵심 키워드** ▶ #데이터 #꺾은선그래프

## STEP 1

[수학교과역량] 추론능력, 문제해결능력

다음은 연도별 자장면 가격의 변화를 조사하여 나타낸 꺾은선그래프입니다. 다음 그래프에서 알 수 있는 점을 2가지 이상 서술해 보세요.

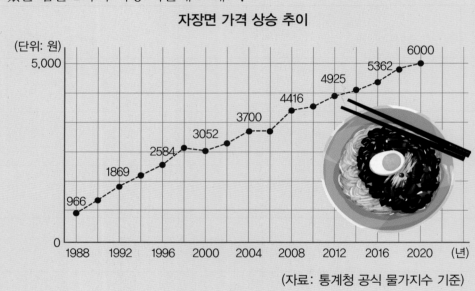

자장면 가격 상승 추이

(자료: 통계청 공식 물가지수 기준)

알 수 있는 점: _____

_____

 **꺾은선 그래프**

수량을 점으로 표시하고, 그 점들을 선분으로 이어 그린 그래프를 꺾은선그래프라고 합니다. 꺾은선그래프는 자료의 변화를 한눈에 알 수 있으며 선의 기울기로 자료의 값이 얼마만큼 변했는지 알 수 있습니다. 또, 조사하지 않은 중간의 값을 예상할 수도 있습니다.

다음은 연도별 초등학생 수를 조사하여 나타낸 표입니다. 다음을 보고, 물결선을 사용하여 꺾은선그래프로 나타내어 보세요.

### 연도별 초등학생 수

(단위: 만 명(10,000명))

| 연도 | 1970 | 1980 | 1990 | 2000 | 2010 | 2020 |
|---|---|---|---|---|---|---|
| 초등학생 수 | 570 | 550 | 480 | 410 | 330 | 270 |

(　　　　　　　　　　　　　　　　　　　　　)

(만 명)

초등학생 수 / 연도 　　　　　　　　　　　　　　　　　　　　　　(년)

# 04 오류와 디버깅 1

➤ 정답 및 해설 24쪽

📢 데이터를 처리하는 과정에서 오류가 생기기도 해요. 이러한 오류를 찾아 없애거나 수정하는 것을 디버깅이라고 해요.

**핵심 키워드** #오류 #디버깅 #오류수정

## STEP 1

[수학교과역량] 추론능력, 문제해결능력

어떤 수를 입력하면 특정한 규칙을 이용해 결과값을 출력해 내는 프로그램이 있습니다. 다음 중 프로그램에 오류가 생긴 계산기는 어떤 것인지 찾고, 바르게 고친 출력값을 구해 보세요.

| 가 계산기 | 나 계산기 |
|---|---|
| 3 ➜ 11 | 10 ➜ 32 |
| **다 계산기** | **라 계산기** |
| 15 ➜ 47 | 21 ➜ 64 |

오류가 생긴 계산기: _____

바르게 고친 출력값: _____

💡 생각 쏙쏙 **오류(Error)와 디버깅(Debugging)**

오류(Error)는 소프트웨어, 기계장치 등에서 생기는 문제 상황을 뜻합니다. 특히, 코딩에서 생기는 오류를 버그(Bug)라고 부르기도 합니다. 초기 컴퓨터 개발자 중 한 명이 컴퓨터 고장의 원인을 조사하던 중 컴퓨터에서 나방 한 마리를 발견했습니다. 나방 때문에 컴퓨터가 고장났던 것인데, 그때부터 컴퓨터에 어떤 문제가 생길 경우 버그라고 부르게 되었습니다. 이러한 버그를 찾아 없애거나 수정하는 것을 디버깅(Debugging)이라고 합니다.

어떤 도형을 넣었을 때, 특정한 규칙을 이용해 다른 도형으로 출력해 내는 프로그램이 있습니다. 다음에서 프로그램에 오류가 생긴 컴퓨터는 어떤 것인지 찾고, 바르게 출력된 도형을 그려 보세요.

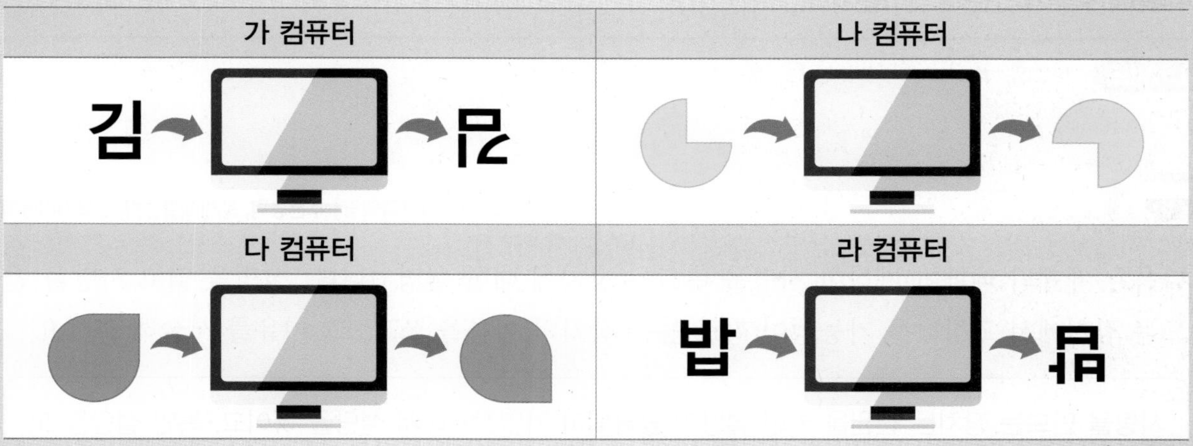

| 가 컴퓨터 | 나 컴퓨터 |
|---|---|
| 김 ➡ 🖥 ➡ 믄 | ◖ ➡ 🖥 ➡ ◗ |

| 다 컴퓨터 | 라 컴퓨터 |
|---|---|
| ◗ ➡ 🖥 ➡ ◗ | 밥 ➡ 🖥 ➡ 뷰 |

오류가 생긴 컴퓨터: _____

바르게 출력된 도형: _____

# 05 오류와 디버깅 2

오류를 찾아요

➤ 정답 및 해설 25쪽

📢 프로그램의 오류를 찾아 없애거나 수정하는 디버깅은 매우 중요한 일에요. 특정한 시스템 상황에서 어느 곳에 오류가 있는지 찾아봅시다.

**핵심 키워드** ➤ #오류 #디버깅 #시스템 #오류진단 #탐색

## STEP 1

[수학교과역량] 추론능력, 문제해결능력, 정보처리능력

다음은 제제와 페페가 제작한 사탕을 만드는 장치에 대한 설명입니다. 설명을 읽고 사탕을 만드는 장치에서 고장났을 가능성이 가장 높은 장치의 이름을 쓰고, 그 이유를 서술해 보세요.

사탕을 만드는 장치는 전원을 켜면 설탕이 공급되어 가열장치에서 설탕을 녹이고, 녹인 설탕을 모양틀에 넣고, 냉각장치에서 굳혀 사탕이 완성되면 마지막으로 분배됩니다.
작동이 잘 되던 사탕을 만드는 장치에 갑자기 문제가 생겼습니다. 예쁜 모양의 사탕이 나와야 하는데, 끈적끈적한 물엿과 같은 형태로 계속 나오는 것이었습니다.

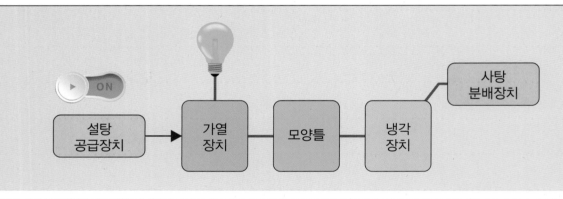

고장났을 가능성이 가장 높은 장치: _____

그 이유: _____

_____

_____

[수학교과역량] 추론능력, 문제해결능력, 정보처리능력

격자 곱셈법은 곱셈식을 격자에 차례대로 써서 쉽고 빠르게 계산하는 방법입니다.
다음은 격자 곱셈법의 〈예시〉입니다.

- 예시 -

격자 곱셈법을 이용해 23×14를 해 볼까요?

❶ 격자무늬에 대각선을 그은 후 각각 2, 3, 1, 4를 써 넣습니다.

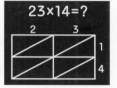

❷ 2와 1, 3과 1, 2와 4, 3 과 4를 곱한 결과를 격 자무늬에 써 넣습니다.

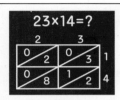

❸ 대각선을 연장하고, 같은 선상에 있는 수 들을 서로 더합니다.

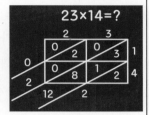

❹ 격자 무늬 바깥에 더 하여 나온 수를 왼쪽 부터 차례로 씁니다. (0, 2, 12, 2)

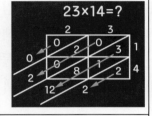

❺ 이것을 이용하여 결괏값을 구할 수 있습니다. 만약 나열한 수가 10을 넘으면 받아올림 해 줍니다. 순서대로 천의 자리: 0, 백의 자리: 2, 십의 자리: 12(백의 자리로 받아 올림), 일의 자리: 2입니다. 따라서 구한 값은 322입니다.

페페가 격자 곱셈법을 이용하여 다음 곱셈식을 계산하였으나 계산 결과가 잘못 되었습니다. 오류를 찾아 바르게 고쳐 계산해 보세요.

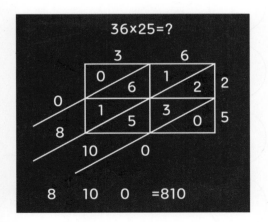

.............................................

.............................................

.............................................

.............................................

.............................................

.............................................

# 06 오류와 패리티 비트

> 정답 및 해설 25쪽

📢 컴퓨터가 오류를 찾는 대표적인 방법은 패리티 비트를 이용하는 것이에요. 오류를 검증하는 다양한 방법 중 패리티 비트에 대해 알아 볼까요?

**핵심 키워드** #오류 #패리티 비트 #오류검출

## STEP 1

[수학교과역량] **추론능력, 문제해결능력**

제제는 흰색 바둑돌과 검은색 바둑돌을 다음과 같이 3×3 모양으로 배열했습니다. 각 가로줄과 세로줄에 있는 흰색 바둑돌과 검은색 바둑돌이 모두 짝수 개가 되도록 바둑돌을 추가하여 4×4 모양으로 만들려고 합니다. 이때 바둑돌을 어떻게 배열해야 할지 빈칸에 알맞게 색칠해 보세요. (단, 흰색 바둑돌은 색칠하지 않고, 검은색 바둑돌은 색칠하여 나타냅니다.)

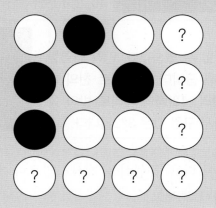

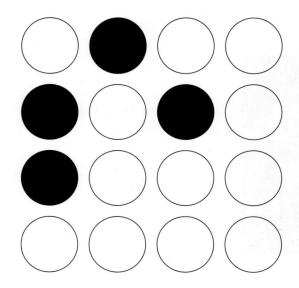

제제는 가로줄과 세로줄에 있는 흰색 바둑돌과 검은색 바둑돌이 각각 모두 짝수 개가 되도록 6×6 모양으로 바둑돌을 배열했습니다. 잠시 제제가 자리를 비운 사이, 페페가 와서 한 개의 바둑돌의 색을 몰래 바꾸었습니다. 이때, 페페가 바꾼 바둑돌이 무엇인지 찾아 동그라미해 보세요.

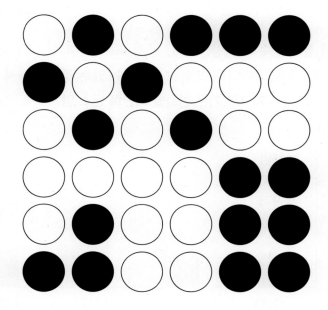

 ## 오류와 패리티 비트(Parity bit)

패리티 비트(Parity Bit)는 데이터를 전송하는 과정에서 오류가 생겼는지를 확인하기 위해 데이터 마지막에 추가되는 비트입니다. 전송하고자 하는 데이터의 끝에 1비트를 더하여 전송하는 방법으로, 오류를 검출할 수

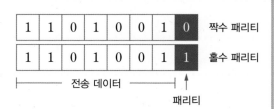

있습니다. 패리티 비트에는 2가지 종류의 패리티 비트(홀수, 짝수)가 있습니다. 짝수(even) 패리티는 전체 비트에서 1의 개수가 짝수가 되도록 패리티 비트를 정하는 것이고, 홀수(odd) 패리티는 전체 비트에서 1의 개수가 홀수가 되도록 패리티 비트를 정하는 것입니다.

# 데이터와 분석

➤ 정답 및 해설 27쪽

📢 수많은 데이터 속에서 의미있는 정보를 찾아내기 위해서는 분석하는 능력이 중요합니다. 다양한 그래프를 분석하여 봅시다.

**핵심 키워드** #데이터 #데이터 분석 #막대그래프표 #꺾은선그래프

**STEP 1**　　　　　　　　　　　　　　　　[수학교과역량] **추론능력, 문제해결능력**

다음은 지구의 기온이 올라갈수록 해양, 토지, 공기 속 이산화 탄소의 양이 변화하는 것을 나타낸 막대그래프입니다. 다음 막대그래프를 보고 알 수 있는 점을 2가지 이상 서술해 보세요.

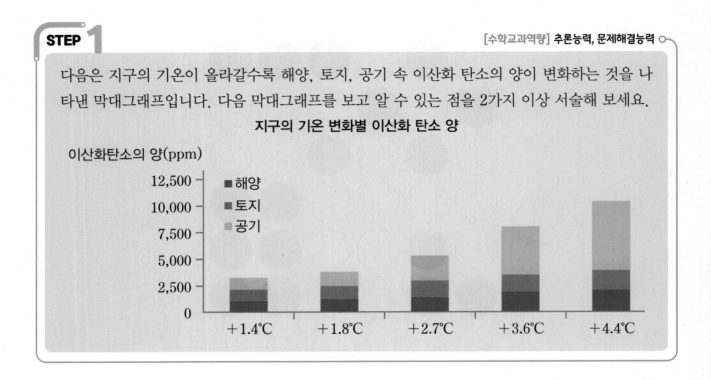

지구의 기온 변화별 이산화 탄소 양

..............................................................................

..............................................................................

..............................................................................

..............................................................................

..............................................................................

..............................................................................

..............................................................................

## STEP 2

다음은 2000년부터 2040년까지 남자와 여자의 기대 수명*을 나타낸 그래프입니다. 그래프를 통해 알 수 있는 점을 2가지 이상 서술해 보세요.

**남자와 여자의 기대 수명**

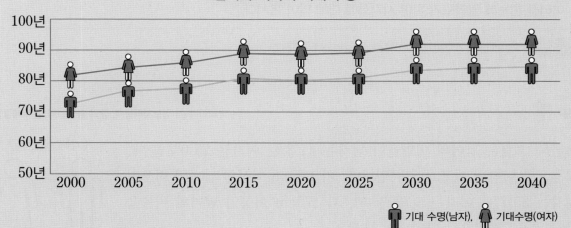

*기대 수명: 어떤 사회에 인간이 태어났을 때 앞으로 생존할 것으로 기대되는 평균 생존 연수.

**4**
**단원**

---

### 생각 쏙쏙 | 범례

여러 가지의 데이터를 동시에 나타내기 위하여 막대그래프 또는 꺾은선그래프에서 여러 개의 그래프를 동시에 나타낼 수 있습니다. 이때, 각 항목이 무엇을 나타내는 것인지를 모아놓은 것을 범례라고 합니다.

**지구의 기온 변화별 이산화 탄소의 양**

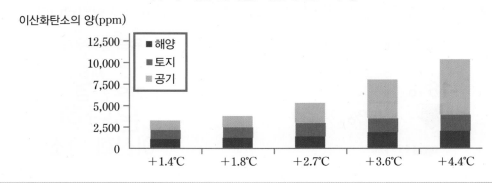

# 08 데이터와 시각화

데이터를 표현해요

➤ 정답 및 해설 27쪽

📢 데이터를 표현하는 방법에는 그림그래프, 막대그래프, 꺾은선그래프 이외에도 다양한 방법이 있어요. 데이터를 한눈에 알아보기 위한 시각화에 대해 알아 봅시다.

핵심 키워드  #데이터  #데이터 시각화  #데이터 표현

## STEP 1

[수학교과역량] 정보처리능력, 창의·융합능력, 문제해결능력

오른쪽 그림은 남녀의 비만율이 남자는 41.8%, 여자는 25.0%일 때, 그림으로 나타낸 인포그래픽*입니다. 키 175cm 이상인 남녀의 비율이 남자는 35.7%, 여자는 6.7%일 때, 키 175cm 이상인 남녀의 비율을 각각 인포그래픽으로 나타내어 보세요.

*인포그래픽: 디자인 요소를 활용하여 정보를 시각적인 이미지로 전달하는 그래픽.

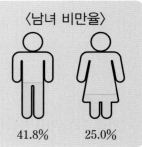

〈남녀 비만율〉

41.8%     25.0%

〈키 175cm 이상인 남녀의 비율〉

생각 쏙쏙

## 데이터 시각화

데이터 시각화는 데이터를 분석한 결과를 쉽고 간결하게 이해할 수 있도록 다양한 시각적 표현 방법을 통해 정보를 효과적으로 전달하는 것을 말합니다. 수많은 데이터를 그림으로 간결하게 표현한 인포그래픽과 구름처럼 표현한 워드 클라우드가 가장 대표적인 방법입니다.

| 인포그래픽 | 워드 클라우드 |
|---|---|
| -18% ↑ ↓ +35% 👎 ▎▎▎▎▎ 👍 | 일회용품 재활용 기온 환경 쓰레기 분리수거 흥미 온난화 기후 플라스틱 남극 지구 보호 이산화 탄소 텀블러 |

## STEP 2

[수학교과역량] 창의·융합능력, 추론능력, 문제해결능력

워드 클라우드(Word Cloud)는 검색 결과 등에서 자주 언급된 단어를 한눈에 쉽게 알아볼 수 있도록 구름과 같이 표현한 것입니다. 다음 〈조건〉에 맞게 〈예시〉와 같이 '나'를 주제로 한 워드 클라우드를 만들어 보세요.

### 조건

1. 나를 표현할 수 있는 단어를 10가지 이상 선정합니다. (내가 좋아하는 동물, 나의 장래희망, 나의 취미 등)
2. 단어의 중요도 순으로 크기를 정합니다.
3. 단어들을 덩어리 모양으로 배치합니다.

### 예시

4 단원

# 도전! 코딩 엔트리(entry) 월별 강수량을 알려줘!

(출처: 엔트리(https://playentry.org))

우리는 엔트리를 이용하여 다양한 작품을 만들어 봤습니다.

4단원에서는 다양한 데이터를 분석하는 학습을 했습니다.

이번 도전! 코딩시간에는 엔트리의 '데이터 분석' 블록을 이용할 것입니다. '데이터 분석' 블록을 이용하여 다양한 데이터 중 강수량을 막대그래프로 보여 주는 프로그램을 코딩해 봅시다.

## WHAT?

➡ 버튼을 클릭하면 장면이 바뀌고 월별 강수량 데이터가 나오는 프로그램을 만들어 봅시다.

## HOW?

➡ 휴대폰 화면에서는 전체 화면이 보이지 않을 수 있으므로 정상 실행을 위해서는 탭이나 컴퓨터를 이용하세요.

➡ 배경을 직접 구성하여 버튼을 눌렀을 때 다음 장면으로 넘어가도록 코딩합니다.

➡ 데이터 블록을 활용하여 지역별 · 월별 강수량을 막대그래프로 변환합니다.

➡ 오브젝트를 클릭하였을 때 강수량 막대그래프가 나타나도록 코딩합니다.

1. 메인 화면의 [작품 만들기] 탭을 눌러 새 파일을 시작하세요.

| entry | | 생각하기 | 만들기 |
|---|---|---|---|
| 엔트리 소개 | | 엔트리 학습하기 | **작품 만들기** |
| 문의하기 | | 교과서 실습하기 | 교과형 만들기 |

2. 왼쪽 상단 장면 1의 '+' 버튼을 눌러 물음표 버튼 오브젝트를 추가하세요. (검색창에 '물음표'를 입력해 추가하세요.) 추가 후 엔트리봇과 물음표 버튼의 위치를 조정합니다.

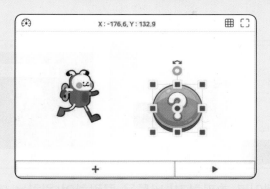

3. 이번에는 '+' 버튼을 눌러 글상자를 추가합니다. 글상자에는 '월별 강수량이 궁금해'라고 적습니다.

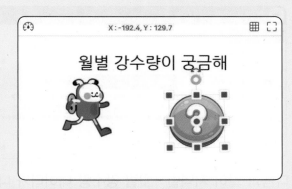

3. 물음표 버튼 오브젝트를 클릭했을 때 이어지는 강수량 장면이 나올 수 있도록 물음표 버튼 오브젝트를 클릭 후 다음과 같이 코딩합니다.

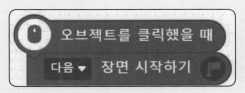

4. 왼쪽 상단의 '+' 버튼을 눌러 장면 2를 추가합니다.

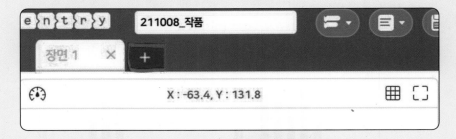

5. 장면 2 하단의 '+' 버튼을 눌러 꾸미기 오브젝트－배경에서 '숲속' 배경을 클릭합니다. (검색창에서 '숲속'을 검색합니다.) 엔트리 봇, 아이콘, 글상자 등을 추가하여 다음과 같이 장면 2를 꾸밉니다.

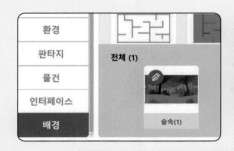

6. [데이터 분석] － [테이블 추가하기] 버튼을 클릭하여 원하는 데이터를 선택합니다. 여기서는 월별 강수량 데이터가 필요하므로, [월전체 강수량] 데이터를 클릭하고 추가합니다.

7. 데이터를 클릭하면 다음과 같이 지역별 · 월별 강수량 데이터가 나타납니다.

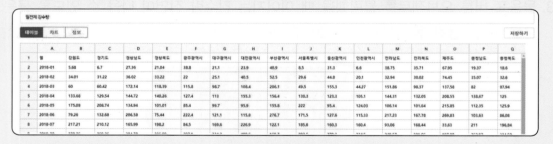

8. 왼쪽 상단의 [차트]를 클릭하고, 내가 알고 싶은 [월]과 [지역]을 선택합니다.

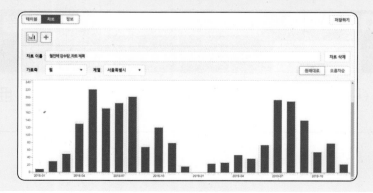

9. 다시 [데이터 분석] 탭에 들어가면, 다음과 같이 생성된 데이터 블록을 확인할 수 있습니다.

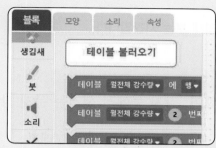
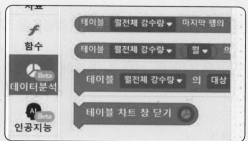

10. 체크(✔) 아이콘 오브젝트를 클릭합니다. 오브젝트를 클릭했을 때 막대그래프가 나타날 수 있도록 다음과 같이 코딩합니다.

11. 코딩이 잘 완료되었는지 실행하며 확인해 봅니다.

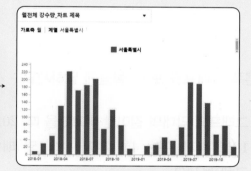

➜ 서울특별시 월별 강수량을 확인했습니다. 내가 사는 지역을 선택하여 코딩해 보세요.

# DO IT!

➜ 사이트에 접속하여 직접 코딩을 해 봅시다. 코딩 후엔 꼭 실행해 보세요.

▲ 직접 코딩해 보기

〈4단원–나는야 데이터 탐정〉을 학습하며 배운 개념들을 정리해 보는 시간입니다.

**1** 용어에 알맞은 설명을 선으로 연결해 보세요.

데이터 •　　　　　　• 소프트웨어, 장치 등에서 생기는 문제 상황

그림그래프 •　　　　　　• 조사한 수를 그림으로 나타낸 그래프

막대그래프 •　　　　　　• 조사한 자료를 막대 모양으로 나타낸 그래프

꺾은선그래프 •　　　　　　• 오류를 찾아 없애거나 수정하는 것

오류 •　　　　　　• 숫자와 문자, 기호 등으로 표현된 모든 정보를 이르는 말

디버깅 •　　　　　　• 수량을 점으로 표시하고, 그 점들을 선분으로 이어 그린 그래프

**2** 오른쪽 그래프를 보고, 물음에 답하세요.

(1) 그래프의 막대의 길이만 비교했을 때, 2014년 12월 환자 수는 4월 환자 수의 몇 배인지 구해 보세요.

(2) 2014년 4월의 장염 환자 수와 12월의 장염 환자 수의 실제 차이는 몇 만 명인지 구해 보세요.

(3) 이 그래프의 문제점은 무엇인지 서술해 보세요.

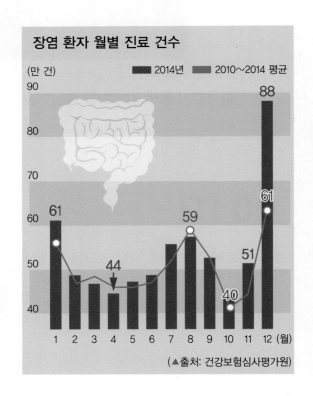

장염 환자 월별 진료 건수
(만 건)
■ 2014년 ■ 2010~2014 평균
(▲출처: 건강보험심사평가원)

국가통계포털 사이트의 '통계로 보는 자화상'은 우리 주변의 친구들의 생각을 엿볼 수 있는 통계자료들이 있습니다.

국가통계포털 사이트에 접속하여 '쉽게 보는 통계' 카테고리를 클릭하여 '통계 시각화 콘텐츠'에서 '통계로 보는 자화상'으로 이동합니다.

(국가통계포털 → 쉽게 보는 통계 → 통계 시각화 콘텐츠 → 통계로 보는 자화상)

간단한 기본 정보를 입력하면 10개의 설문이 시작됩니다. 설문이 모두 끝나면 '나만의 인포그래픽'을 만들어 줍니다.

▲ 통계로 보는 자화상
(출처: 국가통계포털)

**설문에 답하며 즐거운 통계의 세계에 빠져 보세요!**

**1** 통계로 보는 자화상을 클릭합니다.

**통계로 보는 자화상**

지역, 성별, 연령 등 자신과 관련된 통계정보를 통해 나의 모습을 확인 할 수…

**2** 사는 곳, 성별, 나이 등을 입력합니다.

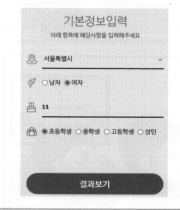

**3** 10개의 설문에 솔직하게 대답합니다.

**4** 실시간으로 통계를 확인합니다.

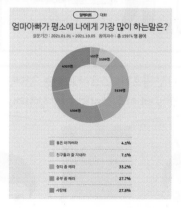

*설문 조사 문항은 4개월에 한 번씩 변경됩니다.

## 저장장치 저장버튼의 비밀

# 5

# 네트워크를 지켜줘

# 01 네트워크와 사회

➤ 정답 및 해설 29쪽

📢 네트워크란 무엇일까요? 여러 전자장치들이 서로 정보를 교환할 수 있게 연결된 망을 말합니다. 정보를 전달하기 위한 통신망도 네트워크의 한 종류입니다. 멀리 떨어져 있어서 우리가 모르는 사람들도 통신망을 통해 촘촘하게 연결되어 있습니다.

**핵심 키워드** #네트워크 #소셜 네트워크 서비스(SNS)

## STEP 1

[수학교과역량] 추론능력

제제는 집에 있는 프린터가 작동을 하지 않아 학교 컴퓨터실로 숙제를 출력하러 갔습니다. 프린터는 2거리 이내의 컴퓨터와 무선으로 연결되어 있습니다. 오른쪽 그림의 프린터는 3대의 컴퓨터와 연결되어 있습니다. 다음 그림에서 프린터 ①~③번에 연결되어 있는 컴퓨터의 수를 각각 적어 보세요. (단, 정사각형의 한 변의 길이를 1거리라고 합니다.)

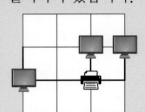

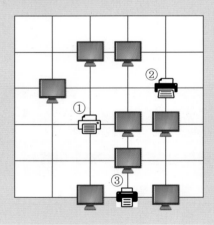

①번: (                    ), ②번: (                    ), ③번: (                    )

### 💡생각 쏙쏙 │ 네트워크(network)

네트워크는 큰 의미로 컴퓨터, 프린터, TV, 휴대폰 등 여러 전자장치들이 서로 정보를 교환할 수 있게 연결되어 있는 상태를 말합니다. 좁은 의미로는 전자장치들 사이에 데이터를 오고갈 수 있게 설치한 통신망을 말합니다.

# STEP 2

제제의 학교 화단 깊숙한 곳에 보물이 숨겨져 있다는 글이 학교 홈페이지 게시판에 올라왔습니다. 이 글을 읽은 친구들은 글의 내용을 모르는 친구에게 이 사실을 알려 주려고 합니다. 다음 그림에서 게시판의 글을 읽은 친구는 색칠되어 있고, 친구들은 서로 선으로 연결되어 있습니다. 모든 친구들에게 이 사실이 알려지는 데 최소 며칠이 걸리는지 구해 보세요. (단, 하루에 한 친구에게만 이 사실을 말할 수 있습니다.)

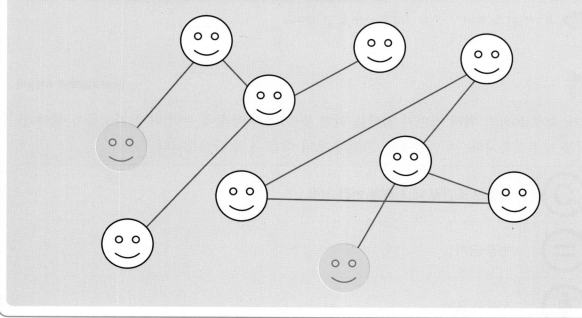

5
단원

(                                                                        )

## 생각 쏙쏙  소셜 네트워크 서비스(SNS: Social Network Service)

소셜 네트워크 서비스, 흔히 SNS라고 부르는 이것은 온라인 네트워크에서 사람들을 서로 연결해 주는 서비스를 말합니다. 스마트폰 속 메신저 어플리케이션, 학교 게시판, 학급 누리집 등이 SNS에 해당합니다. SNS를 잘 사용하면 여러 사람들과 소통하며 즐거운 온라인 생활을 누릴 수 있습니다. 하지만 잘못 사용할 경우 개인정보 및 사생활 침해, 인권 침해 등의 피해를 입을 수도 있습니다.

# 02 네트워크과 저작권

≫ 정답 및 해설 30쪽

📢 우리가 좋아하는 소설은 그 소설을 쓴 작가에게 소설 내용에 대한 권리가 있습니다. 마찬가지로 인터넷 네트워크에 퍼져 있는 문서, 이미지, 동영상들도 그것을 만든 사람에게 권리가 있습니다. 이 권리를 우리는 저작권이라고 합니다.

**핵심 키워드** #네트워크 #저작권 #저작물 사용 조건 #CCL

## STEP 1

[수학교과역량] 추론능력

페페가 숙제를 하기 위해 이미지 검색을 하던 중 이미지 아래에 여러 가지 기호들이 붙어 있는 것을 발견했습니다. 이 기호들을 정리해 보니 다음 표와 같았습니다.

| | |
|---|---|
| ↻ | 동일한 조건일 때 저작물 변경 허락 |
| = | 변경 금지 |
| 👤 | 저작자 표시 |
| 🚫$ | 상업적 이용 금지 |

페페는 편집 프로그램으로 이미지 속 캐릭터들의 위치를 수정하여 숙제에 사용하고 싶습니다. 페페가 숙제에 사용할 수 있는 이미지에 붙어있는 기호 조합을 모두 고르세요.

①    ②    ③    ④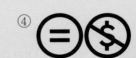

( )

페페는 동화책을 읽고 자신의 블로그에 독후감상문을 올리려고 합니다. 페페는 자신의 독후감상문을 다른 학생들이 숙제에 사용할 수 있게 하려고 합니다. 단, 저작권자가 페페라고 밝히고, 돈을 벌 목적 없이 내용을 바꾸지 않고 사용할 경우에 숙제에 사용할 수 있다는 것을 알려 주고 싶습니다. 페페는 다음 표에 따라 독후감상문에 기호를 표시할 때, 페페의 독후감상문에는 어떤 기호가 표시되었을지 골라 보세요.

| 기호 | 설명 |
|---|---|
| ↻ | 동일한 조건일 때 저작물 변경 허락 |
| = | 변경 금지 |
| 👤 | 저작자 표시 |
| $ | 상업적 이용 금지 |

①
②
③
④
⑤

(                              )

## 생각 쑥쑥   저작물 이용 약관(CCL)

저작물 이용 약관(CCL: Creative Commons License)은 저작권자가 자신의 창작물의 이용 범위를 구체적으로 표시하여 사용자들에게 사전에 알려 주는 사용 허가 표시입니다. 저작물을 이용하려는 사람들은 이용 범위를 확인하고, 저작권자에게 별도의 허락을 구하지 않고 저작물을 사용할 수 있습니다.

# 03 네트워크와 과속 감지

➤ 정답 및 해설 30쪽

📢 도로 위의 과속 감지 카메라는 네트워크를 통해 해당 지역의 경찰서로 과속 위반 정보를 전송합니다. 전송받은 정보를 바탕으로 경찰서는 자동차 주인들에게 속도 위반에 대한 처벌을 내립니다.

**핵심 키워드** ➤ #네트워크  #평균  #과속 단속

## STEP 1

[수학교과역량] 추론능력 ○

산들 마을은 마을의 교통안전을 위해 도로의 특정 지점마다 과속* 단속 카메라를 설치해 두었습니다. 과속 단속 카메라들은 마을의 중심으로부터 같은 거리에 설치되어 있습니다. 다음 표는 자동차들이 각 지점을 통과할 때 빠르기를 기록한 표입니다.

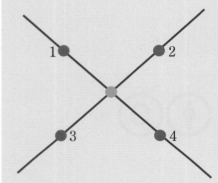

|  | 구름 자동차 | 들판 자동차 | 나무 자동차 | 꽃잎 자동차 |
|---|---|---|---|---|
| 1번 지점 | 60 | — | — | 49 |
| 2번 지점 | — | 64 | 60 | 63 |
| 3번 지점 | — | — | 60 | — |
| 4번 지점 | 59 | 58 | — | — |

두 지점을 통과하는 빠르기에 따라 과속을 했는지가 결정된다고 할 때, 들판 자동차, 나무 자동차가 과속으로 벌금을 받았다고 합니다. 과속 단속 카메라는 어떤 경우에 자동차가 과속을 했다고 판단하는지 설명해 보세요. (단, 지나지 않은 지점의 빠르기는 기록되지 않고, 자동차들이 달린 시간은 동일합니다.)

*과속: 자동차가 너무 빠르게 달리는 것.

햇빛 마을은 과속 단속 카메라를 도로에 설치하려고 합니다. 이 과속 단속 카메라는 자동차가 특정 지점을 지날 때 일정 빠르기를 초과하면 과속으로 단속합니다.

총 3대의 카메라를 설치하려고 할 때, 어느 지점에 과속 단속 카메라를 설치해야 지나는 모든 차들을 빠짐없이 감시할 수 있는지 그림에 표시해 보세요. (단, 회전 교차로를 제외한 모든 도로는 양쪽 방향으로 달릴 수 있으며, 왔던 길을 되돌아가기 위해서는 동그란 회전 교차로를 반드시 지나야 합니다.)

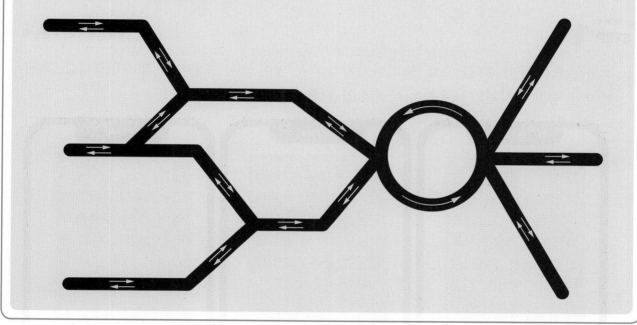

## 저작물 이용 약관(CCL)

자동차 내비게이션에서 "시속 ○○km 과속 단속 구간입니다." 또는 "지금부터 ○○km 동안 시속 ○○km 구간 단속 구간입니다."라는 경고음을 들어본 적 있나요? 경고음이 들리고 난 후, 나타나는 카메라만 조심한다면 과속 단속에 걸리지 않을거라 생각하기 쉽지요. 하지만 도로 위의 경찰차 안에서도 과속 단속을 할 수 있습니다. 사물 인식 기술로 과속 차량을 단속할 수 있게 되었기 때문입니다. 이와 같이 기술의 발달이 우리의 안전에도 많은 도움을 주고 있습니다.

(▲ 출처: KBS News 「사물 인식 기술로 과속 차량 단속」)

# 04 분류와 스팸

➤ 정답 및 해설 31쪽

📢 내가 원하지 않는 광고 문자나 메일을 받아본 경험이 있나요? 원하지 않는 광고를 어떻게 차단할 수 있는지 알아 봅시다.

**핵심 키워드** #보안 #분류 #규칙 찾기 #스팸

## STEP 1

[수학교과역량] 추론능력

제제는 요즘 들어 휴대폰으로 광고 메시지가 너무 많이 와서 불편함을 겪고 있습니다. 최근에 받은 광고 메지지의 내용들은 아래와 같습니다.

제제님 안녕하세요. 행운 안경원입니다. 가격이 저렴한 안경테를 찾고 계신가요? 저희 안경원에서 10월 한 달 동안 행사를 진행하고 있습니다. 방문해 보세요.

우리 동네에서 가장 싼 가격으로 과자를 파는 붕붕 과자점입니다. 오늘부터 일주일 동안 행사가 진행되니어서 놀러오세요.

새로 나온 장난감을 인터넷보다 저렴하게 살 수 있는 다람쥐 장난감입니다. 사면 후회하지 않을 가격을 보장합니다. 어서 오세요!

제제는 원하지 않는 광고 메시지를 차단하고 싶습니다. 어떤 단어를 차단 문구로 등록하면 위의 메시지를 모두 차단할 수 있을까요? 모든 메시지를 차단할 수 있는 하나의 단어를 찾아 보세요. (단, '~세요', '~입니다'와 같은 문장의 맺음말은 찾지 않습니다.)

(                                        )

## STEP 2

[수학교과역량] 추론능력, 문제해결능력

A 포털 사이트는 불필요한 광고를 발송하는 계정을 카테고리별로 하나씩 분류 기준을 두어 관리하고 있습니다. 이 중 2개 이상의 기준에 해당되면 메일이 발송이 되지 않습니다. 예를 들어, 메일 주소에 특정 단어가 포함되어 있고, 1일 메일 발송량이 일정 수준을 넘어서면 메일이 도착하지 않습니다.

| 카테고리<br>번호 | 메일 주소 | 메일 제목 | 1일 메일 발송량 |
|---|---|---|---|
| 1 | 1@ad.com | 고민이 있나요? | 257 |
| 2 | 2@nc.com | 수학 점수 알림 | 320 |
| 3 | 3@lm.com | 가격왕 슈퍼마켓 | 199 |
| 4 | 4@ad.com | 저렴한 가격에 책 사기 | 78 |
| 5 | 5@ty.com | 방과 후 프로그램 가격 안내 | 200 |

이번 달 10일에 위의 5개의 메일 주소로 페페에게 동시에 메일을 보냈습니다. 그런데 페페의 메일함에는 2@nc.com, 3@lm.com에서 온 메일만 도착했습니다. 다음 날인 11일에 아래의 5개의 메일 주소에서 페페에게 동시에 메일을 보냈습니다. 11일에 페페에게 도착할 메일은 모두 몇 통인지 구해 보세요.

| 카테고리<br>번호 | 메일 주소 | 메일 제목 | 1일 메일 발송량 |
|---|---|---|---|
| 1 | 1@gg.com | 감자튀김의 비밀 | 157 |
| 2 | 2@ad.com | 동화책 특별 가격 | 22 |
| 3 | 3@ad.com | 독서 프로그램 참가 안내 | 248 |
| 4 | 4@nm.com | 저렴한 가격의 토마토 소개 | 200 |
| 5 | 5@up.com | 오전 수영 안내 | 450 |

(                                              )

### 생각 쏙쏙   스팸(Spam)

스팸이라는 단어를 들었을 때 어떤 이미지가 떠오르나요? 맛있는 냄새가 나는 통조림 햄이 떠오르나요? 통조림 햄 브랜드 스팸(Spam)이 왜 원하지 않는 이메일, 문자 메시지, 전화를 뜻하는 단어로 사용하게 되었을까요? 이 통조림 햄 회사가 무차별적으로 고객들에게 햄 홍보 광고를 했던 사건이 있었어요. 이 사건에서 유래하여 스팸이라는 단어가 원치 않는 홍보성 연락이라는 뜻을 가지게 되었다는 이야기가 있어요.

(▲ 출처: 타임스낵 「스팸메일은 왜 스팸메일?」)

# 05 기술과 개인정보 보호

➤ 정답 및 해설 32쪽

📢 우리는 사이버 공간에 우리 자신에 대한 수많은 정보를 남겨요. 이 정보는 무척 소중한 것이기 때문에 나쁜 마음을 가진 사람들이 정보를 훔치는 일이 생기게 하면 안돼요. 이것을 막기 위해 우리 스스로가 개인의 정보를 지키려는 노력을 해야 해요.

**핵심 키워드** #네트워크 #개인정보 보호 #컴퓨팅 사고력

## STEP 1

[수학교과역량] 추론능력

제제가 인터넷 사이트에서 회원가입을 하려고 합니다. 다음은 회원가입 시 비밀번호를 만드는 규칙입니다.

**• 규칙 •**

1. 이름을 비밀번호에 포함할 수 없어요.
2. 생일과 관련된 숫자는 포함할 수 없어요.

제제가 비밀번호를 입력했을 때, 사이트에서 이 비밀번호는 사용할 수 없다는 경고창이 떴습니다. 다음 중 제제가 입력한 비밀번호가 <u>아닌</u> 것을 고르세요. (단, 제제의 영어 이름은 jeje이고, 9월 8일에 태어났습니다.)

① jeje1234　　② jj98e　　③ 9jeje　　④ j1234　　⑤ jj0908

(　　　　　　)

## STEP 2
[수학교과역량] 추론능력, 문제해결능력

제제는 인터넷에서 사용하는 비밀번호를 더 안전하게 만들려고 합니다. 어떤 규칙들을 추가하면 좋을지 3가지 이상 서술해 보세요.

.....................................................................................................................................

.....................................................................................................................................

.....................................................................................................................................

.....................................................................................................................................

.....................................................................................................................................

.....................................................................................................................................

.....................................................................................................................................

.....................................................................................................................................

**5**
단원

### 생각 쏙쏙 아이디(ID: identification)와 비밀번호(PW: password)

인터넷 사이트에 로그인할 때 입력하는 2가지 정보가 있습니다. 아이디와 비밀번호입니다. 아이디(ID)는 네트워크에서 접속한 사람을 구분하기 위해 사용하는 부호입니다. 비밀번호(PW)는 네트워크에 접속할 때, 접속을 시도하는 사람이 올바른 접속 권한을 가지고 있는지 확인하는 정보입니다. 아이디와 비밀번호 모두 네트워크에서 사용되는 개인정보입니다. 특히 비밀번호는 다른 사람에게 노출되지 않도록 조심히 관리해야 합니다. 아이디와 비밀번

호를 사용하여 네트워크에 접속하는 것을 로그인(login), 접속을 끊는 것을 로그아웃(logout)이라고 합니다. 여러 사람이 함께 사용하는 전자장치에서 로그인을 한 경우에는, 반드시 로그아웃을 하는 것을 잊지 마세요.

# 06 네트워크와 암호화

➤ 정답 및 해설 32쪽

📢 받는 사람만 알았으면 하는 중요한 내용을 어떻게 전송할까요? 받는 사람만 알 수 있게 내용을 암호로 바꾸어 전송하면 됩니다.

**핵심 키워드** #보안 #암호화 #카이사르 암호

## STEP 1

[수학교과역량] 추론능력 ○

개미들은 의사소통을 페로몬*으로 합니다. 같은 종족끼리는 같은 페로몬을 사용하기 때문에 개미는 상대 개미가 같은 종족인지 아닌지를 페로몬으로 구분합니다.

제제가 키우는 개미는 다음 표와 같은 페로몬 규칙으로 의사소통합니다.

**• 규칙 •**

| A | B | C | D | E | F | G | H | I | J | K | L | M | N | O | P | Q | R | S | T | U | V | W | X | Y | Z |
|---|---|---|---|---|---|---|---|---|---|---|---|---|---|---|---|---|---|---|---|---|---|---|---|---|---|

| C | D | E | F | G | H | I | J | K | L | M | N | O | P | Q | R | S | T | U | V | W | X | Y | Z | A | B |
|---|---|---|---|---|---|---|---|---|---|---|---|---|---|---|---|---|---|---|---|---|---|---|---|---|---|

예를 들어, ABCDEF는 페로몬 규칙에 의해 CDEFGH로 표현됩니다.

그렇다면 이 개미들은 PASSWORD를 페르몬 규칙에 의해 어떻게 바꾸어 표현하는지 나타내어 보세요.

*페로몬: 같은 종의 생물들끼리 의사소통하기 위해 내뿜는 화학적 물질.

..................................................................................................

..................................................................................................

..................................................................................................

..................................................................................................

..................................................................................................

(                )

페페가 키우는 개미들은 **STEP 1**의 제제네 개미와는 다른 페로몬 규칙으로 소통합니다. 페페가 키우는 개미는 다음 표와 같은 페로몬 규칙으로 의사소통합니다.

**규칙**

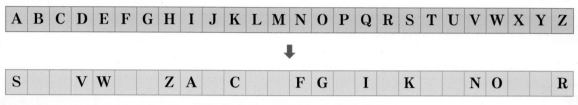

| A | B | C | D | E | F | G | H | I | J | K | L | M | N | O | P | Q | R | S | T | U | V | W | X | Y | Z |
|---|---|---|---|---|---|---|---|---|---|---|---|---|---|---|---|---|---|---|---|---|---|---|---|---|---|

↓

| S |   | V | W |   | Z | A |   | C |   |   | F | G |   | I |   | K |   |   | N | O |   |   | R |   |   |

예를 들어, HELLO는 페르몬 규칙에 의해 ZWDDG로 표현됩니다.

그렇다면 빈칸에 들어갈 규칙을 추측하여 이 개미들은 COMPUTER를 페르몬 규칙에 의해 어떻게 바꾸어 표현하는지 나타내어 보세요.

..................................................................................................

..................................................................................................

..................................................................................................

(                                                                    )

**5**
단원

**생각 쏙쏙**  **카이사르 암호**

카이사르 암호는 기원전 100년경에 로마의 장군 카이사르가 썼던 암호로, 시저 암호라고도 불립니다. 이 암호는 알파벳을 암호키만큼 문자를 평행이동시키는 방법으로 암호화합니다. 아래의 문자열의 암호키는 2입니다. 암호키를 적용하면 알파벳이 오른쪽으로 2칸씩 평행이동한 것을 알수 있습니다.

| 암호키 적용 전 | A | B | C | D |
|---|---|---|---|---|
| 암호키 적용 후 | C | D | E | F |

이 방법은 매우 간단한 방법으로 암호화하기 때문에 암호키만 알면 쉽게 암호를 풀 수 있다는 단점이 있습니다. **STEP 1**의 암호키는 얼마인지 구해 볼까요? 정답은 8입니다.

# 07 네트워크와 복호화

➤ 정답 및 해설 33쪽

📢 암호로 바뀌어 온 문자를 보고 원래의 뜻을 추측할 수 있나요? 암호를 원래대로 돌리는 것을 복호화라고 합니다.

**핵심 키워드** ▶ #보안 #복호화 #폴리비우스 암호

## STEP 1

[수학교과역량] **추론능력**

제제네 반에서 제제가 생각하고 있는 단어를 친구들이 맞추는 게임을 하고 있습니다. 게임의 〈규칙〉은 다음과 같습니다.

**• 규칙 •**

1. 제제는 생각한 단어 속의 알파벳의 개수를 말해 줍니다.
2. 친구들은 단어의 첫 번째 알파벳부터 마지막 알파벳까지 순서대로 맞춥니다. 알파벳을 맞추기 위해서는 알파벳 번호를 불러야 합니다.
3. 알파벳 번호는 세로와 가로의 번호 조합을 순서대로 붙여 만듭니다.
   예를 들어 31은 가로 세 번째 줄, 세로 첫 번째 줄에 해당하는 알파벳 K를 뜻합니다.
4. 해당 순서에 맞는 알파벳 번호를 친구가 부르면 정답을, 틀리면 탈락을 외칩니다.

|   | 1 | 2 | 3 | 4 | 5 |
|---|---|---|---|---|---|
| 1 | A | B | C | D | E |
| 2 | F | G | H | I | J |
| 3 | K | L | M | N | O |
| 4 | P | Q | R | S | T |
| 5 | U | V | W | X | Y |

예를 들어 41 11 44 44의 순서로 정답을 외쳤을 때, 제제가 생각한 단어는 P A S S입니다.

친구들이 13 35 14 24 34 22를 순서대로 말했을 때, 제제는 모든 알파벳 번호에 대해 정답을 외쳤습니다. 제제가 생각한 단어는 무엇인지 구해 보세요. (단, 단어에 알파벳 Z가 포함되어서는 안 됩니다.)

(          )

## STEP 2

[수학교과역량] 추론능력, 문제해결능력

제제는 **STEP 1**의 규칙의 표와 아래의 표를 동시에 이용해 암호를 만드려고 합니다.

| A | B | C | D | E | F | G | H | I | J | K | L | M | N | O | P | Q | R | S | T | U | V | W | X | Y |
|---|---|---|---|---|---|---|---|---|---|---|---|---|---|---|---|---|---|---|---|---|---|---|---|---|

↓

| Y | X | W | V | U | T | S | R | Q | P | O | N | M | L | K | J | I | H | G | F | E | D | C | B | A |
|---|---|---|---|---|---|---|---|---|---|---|---|---|---|---|---|---|---|---|---|---|---|---|---|---|

예를 들어, PASS를 암호로 만들어 봅시다. PASS는 위의 표에 따라 JYGG로 바뀌고, JYGG는 **STEP 1**의 규칙의 표에 의해 25 55 22 22로 바뀝니다. 즉, PASS의 암호는 25 55 22 22입니다. 그렇다면 암호가 21 43 42 32 35가 되는 원래의 단어는 무엇인지 구해 보세요. (단, 단어에 알파벳 Z가 포함되어서는 안 됩니다.)

.............................................................................
.............................................................................
.............................................................................
.............................................................................
.............................................................................

(              )

**5**
단원

### 생각 쏙쏙    폴리비우스 암호

폴리비우스 암호는 고대 그리스 시민인 폴리비우스가 만든 것으로, 문자를 숫자로 바꾸어 표현하는 암호화 기법입니다. 암호표를 이용해 문자를 숫자 형태의 암호문으로 바꿉니다.

| | 1 | 2 |
|---|---|---|
| 1 | A | B |
| 2 | C | D |

위의 표에서 C는 가로 2번째 줄, 세로 1번째 줄에 위치해 있으므로 21이라는 암호로 바뀝니다.

# 08

### 보안의 세계
# 네트워크와 암호 시스템

➤ 정답 및 해설 33쪽

📢 여러 사람이 동일한 암호화 방법을 공유한다면 어떤 일이 생길 수 있을까요? 암호화 방법을 누군가가 훔쳐갔을 때, 큰 문제가 생길 수 있겠죠? 그래서 암호를 만들 때와 암호를 풀 때 사용하는 열쇠를 서로 다르게 만든다고 해요.

**핵심 키워드** ▶ #보안 #암호시스템 #비대칭키

**STEP 1**

[수학교과역량] **추론능력** ○

다락방을 정리하던 페페는 자물쇠로 잠긴 1번 상자를 발견했습니다. 상자를 살펴보던 페페는 힌트가 적힌 쪽지 1장이 상자에 붙어 있는 것을 찾아냈습니다.

1번 상자에는 2356이라고 크게 적혀 있을 때, 자물쇠를 열려면 어떤 비밀번호를 입력해야 하는지 찾아 보세요.

① 1244　　　② 1245

③ 2568　　　④ 3467

⑤ 3468

*2 3 5 6*

[힌트]
1. 1번 상자를 열고 싶으면 비밀번호 4자리를 입력해야 해.
2. 5847이라고 적혀 있으면 6958이라는 비밀번호를 입력해야 해.

(　　　　　　　　　　)

# STEP 2

페페는 **STEP** 1의 1번 상자를 여는 데 성공했습니다. 1번 상자 안에는 2번 상자와 또 다른 힌트가 적힌 쪽지 한 장이 들어 있었습니다.

**STEP** 1에서 구한 비밀번호를 이용하여 자물쇠를 열기 위한 2번 상자와 3번 상자에 입력할 비밀번호를 각각 순서대로 바르게 나열한 것을 고르세요.

① BCEF, 2356
② BCEF, 3467
③ CDFG, 2356
④ CDFG, 3467
⑤ DEFG, 2356

## [힌트]

1. 2번 상자를 열고 싶으면 **STEP** 1에서 얻은 비밀번호 4자리를 활용해. 예를 들어 **STEP** 1에서 얻은 비밀번호가 5678이라면 이것을 EFGH라고 읽고, 2번 상자의 비밀번호는 DEFG가 돼. 2번 상자를 열면 3번 상자 하나가 더 나타날거야.

2. 3번 상자를 열고 싶으면 2번 상자의 비밀번호를 이용해야 해. 예를 들어 DEFG는 4567이라고 바꿀 수 있어. 3번 상자에 4567을 입력하면 보물을 얻을 수 있어!

( )

## 생각 쏙쏙 비대칭키 암호 시스템

암호를 만드는 방법과 푸는 방법이 서로 다른 경우를 비대칭키 암호 시스템이라고 부릅니다. 비대칭키 암호 시스템은 좀 더 안전하게 자료를 보관할 수 있지만 데이터 처리 속도가 암호를 만드는 방법과 푸는 방법이 같은 경우에 비해 좀 더 느릴 수 있습니다.

# 도전! 코딩 엔트리(entry) 개인정보 지킴이

(출처: 엔트리(https://playentry.org))

지금까지 우리는 엔트리에서 다양한 블록을 조합하여 손쉽게 코딩을 해 보는 경험을 했습니다. 귀여운 캐릭터와 사물 오브젝트를 이용한 즐거운 블록 코딩 경험이 컴퓨팅 사고력과 수학적 사고력 향상에 큰 도움이 되었을 것입니다.

이번 단원에서 우리는 네트워크에 대해 학습했습니다.
네트워크를 안전하게 이용하기 위해서는 나의 개인정보를 제대로 지킬 줄 알아야 합니다. 개인정보를 지키는 방법에는 무엇이 있을까요? 개인정보를 지키는 방법을 담아 개인정보 지킴이 페이지를 만들어 봅시다.

## WHAT?

➡ 개인정보 보호 방법에 대해 안내하는 개인정보 지킴이 페이지를 블록 코딩을 통해 만들어 봅시다.

## HOW?

➡ 휴대폰 화면에는 전체 화면이 보이지 않을 수 있으므로 정상 실행을 위해서는 탭이나 컴퓨터를 이용하세요.
➡ 우선 엔트리의 기본 사용법을 익혀 봅시다.

▲ 학년별 학습과정

QR을 찍어 사이트에 접속하면, [생각하기] 메뉴가 보입니다. 그 아래 [엔트리 학습하기] 메뉴를 눌러 보세요. 총 2가지 종류의 학습 방법이 보입니다.

❷학년별 학습과정을 클릭하여 3~4학년에 알맞은 엔트리의 기본 사용법을 익혀 봅시다. 초급과 중급 과정을 모두 진행해 보세요.

➜ 엔트리의 기본 사용법을 모두 익혔나요? 지금부터 본격적으로 개인정보 지킴이 페이지를 만들어 이동해 봅시다.

1. [작품 만들기]로 들어갑니다.

2. 아래와 같은 첫 화면이 나오면 '장면 1' 하단의 ＋ 버튼을 눌러 모양을 추가해 봅시다.

3. 오른쪽 상단을 보면, 검색창이 있습니다. 검색창에서 '말풍선'을 검색합니다.

4. 원하는 모양을 선택한 뒤 [추가] 버튼을 누르세요.

5. 2~4번 과정을 반복하여 총 3개의 말풍선을 만들어 봅시다.

6. 화면에서 모양을 클릭한 뒤 위치를 이동시켜 모양들을 원하는대로 배치해 보세요.

7. 모양 리스트에서 말풍선 모양별 이름을 클릭하여 '비밀번호', '로그인', '로그아웃'으로 수정해 주세요.

8. '비밀번호' 말풍선 모양을 클릭하고, [모양] 탭을 누르세요.

9. 텍스트 버튼 $\boxed{\text{T}}$ 을 클릭한 뒤, 말풍선 위에 '비밀번호'라고 적어 주세요. 글씨의 크기, 색깔 등을 원하는 대로 수정해 보세요.

tip 모양 꾸미기 중 구성 요소를 이동시키고 싶으면 선택 버튼 을 클릭한 뒤, 이동시키고 싶은 요소를 클릭해서 끌어 이동해 보세요.

10. '로그인', '로그아웃' 말풍선도 클릭하여 9번 작업을 반복해 주세요.

> **tip** 모양 리스트에서 다른 모양을 클릭할 때, '수정된 내용을 저장하시겠습니까?'라는 경고 창이 뜹니다. 모양을 꾸미기한 내용을 적용하기 위해서 '확인' 버튼을 눌러 주세요.

11. 모양 리스트에서 엔트리봇을 클릭하고, [블록] 탭을 눌러서 이동하세요.

12. 블록을 옮겨 아래와 같이 배열해 보세요. 초록색 블록은 '시작', 붉은색 블록은 '생김새'에서 찾을 수 있습니다.

13. 화면 위쪽의 장면 리스트를 보세요. + 버튼을 눌러 장면 4까지 추가해 주세요.

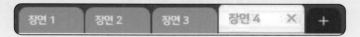

14. '장면 1'이라고 적힌 부분을 더블클릭하여 장면의 이름을 수정해 주세요. 장면 1은 '안내 시작', 장면 2는 '비밀번호', 장면 3은 '로그인', 장면 4는 '로그아웃'으로 바꿔주세요.

15. '비밀번호' 장면을 클릭해 봅시다. 아래와 같이 빈 화면이 뜹니다. 2~4번 과정을 참고하여 비밀번호를 안전하게 지키는 방법을 설명해 줄 캐릭터를 추가해 봅시다.

5

단원

16. 추가한 오브젝트를 클릭하고, [블록] 탭으로 이동하여 아래와 같이 배열해 보세요. 초록색 블록은 '시작', 붉은색 블록은 '생김새'에서 찾을 수 있습니다.

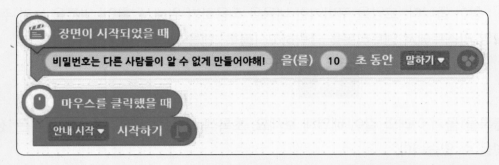

17. '로그인' 장면을 클릭한 후 2~4번 과정을 참고하여 원하는 모양을 추가해 봅시다.

18. 추가한 오브젝트를 클릭하고, [블록] 탭으로 이동하여 아래와 같이 배열해 보세요. 초록색 블록은 '시작', 붉은색 블록은 '생김새'에서 찾을 수 있습니다.

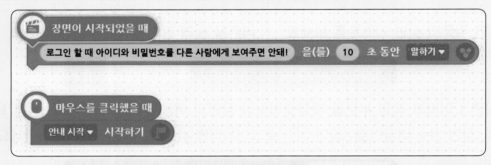

19. '로그아웃' 장면을 클릭한 후 2~4번 과정을 참고하여 원하는 모양을 추가해 봅시다.

20. 추가한 오브젝트를 클릭하고, 블록을 옮겨 아래와 같이 배열해 보세요. 초록색 블록은 '시작', 붉은색 블록은 '생김새'에서 찾을 수 있습니다.

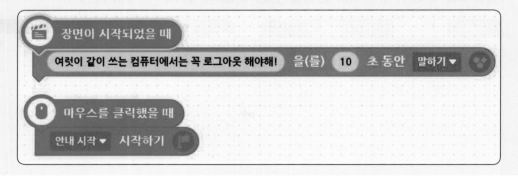

21. 모양 리스트에서 비밀번호, 로그인, 로그아웃을 각각 클릭하고, 블록을 아래와 같이 배열해 보세요.

22. 시작 버튼  을 눌러서 작동이 잘 되는지 확인해 보세요.

**tip** 개인정보 지킴이 페이지를 보다 정교하게 만들고 싶나요? '비밀번호', '로그인', '로그아웃' 이외에 지켜야 하는 개인정보 영역을 추가해 보세요. 그리고 개인정보를 지킬 수 있는 다양한 방법을 말풍선 안에 자세하게 적어 보세요. 보여지는 장면을 여러 가지 꾸미기 기능을 활용하여 멋지게 만들어 보세요. 배경을 추가할 수도 있고, 모양의 색을 바꿀 수도 있습니다. '시작'과 '생김새' 이외의 블록들을 추가해서 효과를 다양하게 할 수도 있습니다.

**5 단원**

# DO IT!

➜ 사이트에 접속하여 직접 코딩을 해 봅시다. 코딩 후엔 꼭 실행해 보세요.

▲ 직접 코딩 해 보기

〈5단원-네트워크를 지켜줘〉를 학습하며 배운 개념들을 정리해 보는 시간입니다.

**1** 용어에 알맞은 설명을 선으로 연결해 보세요.

소셜네트워크
서비스 •

• 네트워크에서 접속한 사람을 구분하기 위해 사용하는 부호

네트워크 •

• 온라인 네트워크에서 사람들 사이를 연결해 주는 서비스

저작물
이용 약관 •

• 전자장치들 사이에 데이터를 오고갈 수 있게 설치한 통신망

스팸 •

• 저작권자가 자신의 창작물의 이용범위를 구체적으로 표시하여 사용자들에게 사전에 알려주는 사용 허가 표시

아이디 •

• 원치 않는 홍보성 연락

**2** 이번 단원을 배우며, 네트워크에 대해 내가 알고 있던 것, 새롭게 알게 된 것, 더 알고 싶은 것을 정리해 보세요.

| | |
|---|---|
| (1) 네트워크에 대해 내가 알고 있던 것 | |
| (2) 네트워크에 대해 내가 새롭게 알게 된 것 | |
| (3) 네트워크에 대해 내가 더 알고 싶은 것 | |

| 인원 | 2인 | 소요시간 | 5분 |
|---|---|---|---|
| **방법** | | | |

❶ 가위바위보로 순서를 정합니다.

❷ 가위바위보에서 이긴 사람은 마음 속으로 0부터 9까지의 숫자를 각각 한 번씩 사용하여 세 자리의 수로 이루어진 암호를 정합니다.

❸ 가위바위보에서 진 사람은 질문을 통해 가위바위보에서 이긴 사람의 암호를 맞춥니다. (단, 질문은 10개 까지만 할 수 있습니다.)

❹ 가위바위보에서 이긴 사람은 숫자와 자릿수가 모두 맞으면 손으로 동그라미 모양을 만듭니다. 숫자는 맞았으나 자릿수가 틀렸으면 손으로 세모 모양을 만듭니다. 숫자와 자릿수가 모두 틀리면 손으로 엑스 모양을 만듭니다.

❺ 10번의 기회 안에 암호를 맞추면 가위바위보에서 진 사람이 승리하고, 맞추지 못하면 가위바위보에서 이긴 사람이 게임에 승리합니다.

 **게임 예시**

| 가위바위보에서 이긴 사람 | 지금부터 내 마음 속 세 자리의 수로 이루어진 암호를 맞춰봐! |
|---|---|
| 가위바위보에서 진 사람 | 134 |
| 가위바위보에서 이긴 사람 | (○)(△)(×) |
| 가위바위보에서 진 사람 | 173 |
| 가위바위보에서 이긴 사람 | (○)(×)(○) |
| 가위바위보에서 진 사람 | 103 |
| 가위바위보에서 이긴 사람 | (○)(○)(○) |
| 가위바위보에서 이긴 사람 | 맞아! 암호는 103이었어. 승리를 축하해! |

**5**
단원

# 보다 편리한 삶을 위한 기술 사물인터넷(IoT)

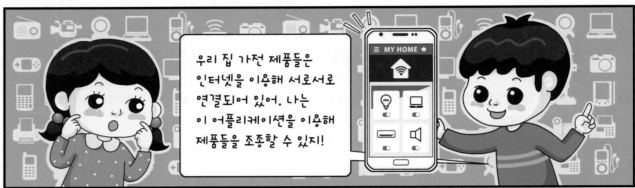

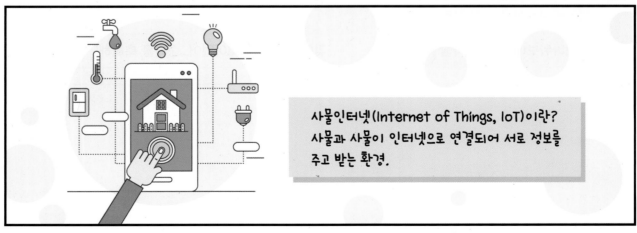

사물인터넷(Internet of Things, IoT)이란?
사물과 사물이 인터넷으로 연결되어 서로 정보를
주고 받는 환경.

MEMO

MEMO

수학이 쑥쑥!
코딩이 척척!

# 초등코딩
## CODING
# 수학사고력
# 2단계

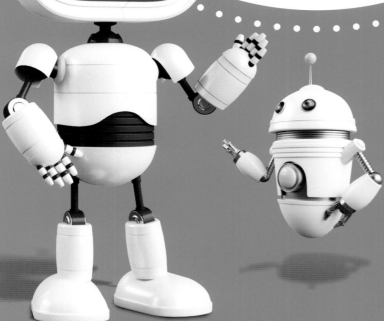

# 시대교육이 준비한
# 특별한 학생을 위한,
# 최상의 학습 시리즈

 **A** **안쌤의 STEAM+ 창의사고력**
수학 100제, 과학 100제 시리즈

- 영재성검사 기출문제
- 창의사고력 실력다지기 100제
- 초등 1~6학년, 중등

 **B** **초등영재로 가는 지름길,**
안쌤의 창의사고력 수학 실전편 시리즈

- 영역별 기출문제 및 연습문제
- 문제와 해설을 한눈에 볼 수 있는 정답 및 해설
- 초등 3~6학년

# Coming Soon!

**영재교육원 입시가이드**

**안쌤이 만난 영재들의 학습법 〈과학, 수학〉**

* 도서명과 이미지, 구성은 변경될 수 있습니다.

현직 교사가 알려주는 재미있는 사고력 코딩 이야기

수학이 쑥쑥!
코딩이 척척!

# 초등코딩

CODING

## 수학사고력

### 2단계

초등
3~4
학년

저자 김영현 · 강주연

# 정답 및 해설

시대교육(주)

# 이 책의 차례

"수학이 쑥쑥!"

"코딩이 척척!"

수학이 쑥쑥!
코딩이 척척!

# 초등코딩 수학 사고력 2단계

초등 3~4

# 정답 및 해설

# 1 컴퓨터의 세계

## 01 컴퓨터를 살펴봐요
## 컴퓨터와 기계장치

### STEP 1

정답

프린터, 모니터(또는 컴퓨터), 키보드, 마우스, 스피커

해설

우리 주변의 기계장치의 이름을 묻는 문제입니다. 모니터는 관점에 따라 컴퓨터로 보일 수 있으므로, 컴퓨터와 모니터 모두 정답이 될 수 있습니다.

### STEP 2

정답

㉠: 웹캠

㉡: 헤드셋

㉢: 태블릿PC 또는 스마트 패드

해설

온라인으로 사람들이 만나게 되면서 얼굴을 보여줄 수 있는 웹캠, 소리로 서로 소통할 수 있는 헤드셋, 편리하게 터치하여 사용할 수 있는 태블릿 PC 또는 스마트 패드가 많이 이용되고 있습니다.

## 02 컴퓨터의 부품
## 컴퓨터와 하드웨어

### STEP 1

정답

키보드, 마우스, 웹캠, 마이크는 외부의 정보를 컴퓨터에 입력하는 기능을 합니다.

모니터, 프린터, 스피커, 플로터는 컴퓨터 내부에서 외부로 정보를 출력하는 기능을 합니다.

해설

우리 주변에서 볼 수 있는 장치의 기능을 입력장치와 출력장치로 나누어서 설명할 수 있는지 묻는 문제입니다. 입력장치는 컴퓨터 외부의 정보를 컴퓨터가 이해할 수 있는 형태로 바꾸어 전달하는 장치이고, 출력장치는 컴퓨터 내부의 정보를 사람이 알아볼 수 있는 형태로 바꾸어서 컴퓨터 외부로 전달하는 장치입니다.

### STEP 2

정답

사람의 심장과 컴퓨터의 전원 공급 장치 모두 에너지원을 공급하는 중요한 역할을 합니다.

해설

사람의 심장은 우리가 살아갈 수 있도록 피와 영양분 등의 에너지를 공급하는 역할을 합니다. 즉, 사람이 살아가는 데 있어서 가장 핵심적인 중요한 역할을 하는 기관입니다.

컴퓨터의 전원 공급 장치 역시 컴퓨터에게 전기에너지를 공급하여 컴퓨터가 작동할 수 있도록 하는 없어서는 안될 중요한 장치입니다.

따라서 사람의 심장과 컴퓨터의 전원 공급 장치 모두 중요한 에너지원을 공급한다는 공통점이 있습니다.

# 03 정보를 기억해요 데이터와 기억장치

## STEP 1

### 정답

8배

### 풀이

연두색 USB 메모리는 128GB를 저장할 수 있고, 주황색 USB 메모리는 16GB를 저장할 수 있습니다.

따라서 128÷16＝8이므로 연두색 USB 메모리는 주황색 USB 메모리보다 8배 많은 양의 데이터를 저장할 수 있습니다.

## STEP 2

### 정답

㉠: 1.44MB
㉡: 700MB
㉢: 4.7GB
㉣: 128GB

### 해설

1980년대부터 현재에 이르기까지 저장할 수 있는 데이터 용량의 크기가 점점 커졌습니다. 따라서 데이터 용량의 크기를 작은 것부터 큰 것 순으로 나열하면 됩니다.

먼저 데이터 단위로 MB(메가바이트)보다 GB(기가바이트)가 더 크므로, MB → GB 순으로 나열해야 합니다. 즉, 1.44MB가 가장 작고 그 다음으로 700MB이며, 다음은 4.7GB, 마지막으로 128GB의 순으로 데이터의 용량이 커집니다.

# 04 컴퓨터처럼 이야기해요 2진수의 비밀

## STEP 1

### 정답

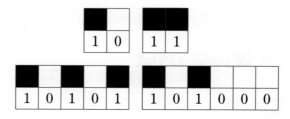

### 해설

컴퓨터에 전기가 들어오지 않은 상태를 흰색 칸으로 생각하고 이것을 0이라 약속했습니다. 또, 컴퓨터에 전기가 들어오는 상태를 검은색 칸으로 생각하고 이것을 1이라 약속했습니다.

따라서 흰색 칸 아래에는 0을, 검은색 칸 아래에는 1을 적으면 됩니다.

## STEP 2

### 정답

| 001000100 |
| 001000100 |
| 001111100 |
| 010000010 |
| 100000001 |
| 101000101 |
| 100010001 |
| 100010001 |
| 101000101 |
| 100101001 |
| 100010001 |
| 100000001 |
| 011111110 |

**해설**

흰색에 해당하는 칸에는 숫자 0을, 검은색에 해당하는 칸에는 숫자 1을 연결지어 적으면 되는 문제입니다.

# 05 컴퓨터처럼 이야기해요 2진수와 자릿값

## STEP 1

**정답**

13

**해설**

은

, 의 합과 같습니다.

은 4, 은 2를 나타내므로 은 4+2=6을 나타냅니다.

마찬가지로

은

, ,

의 합과 같습니다.

은 8,

은 4,

은 1을 나타냅니다.

따라서 이 나타내는 수는 8+4+1=13입니다.

## STEP 2

**정답**

| 11 | 14 |
| --- | --- |

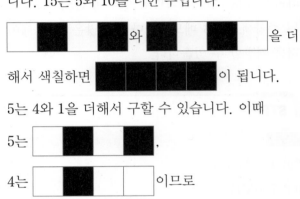

**해설**

각 칸이 가지는 자릿값을 파악한 뒤 해결해야 하는 문제입니다.

5, 10, 15의 경우를 보면 규칙을 파악할 수 있습니다. 15는 5와 10을 더한 수입니다.

와 을 더해서 색칠하면 이 됩니다.

5는 4와 1을 더해서 구할 수 있습니다. 이때

5는 ,

4는 이므로

1은 으로 나타냅니다.

11은 10과 1을 더한 수입니다.

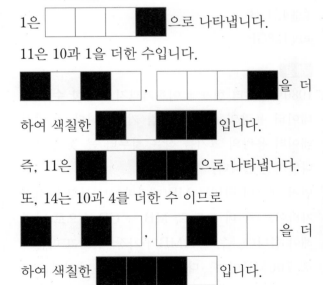

, 을 더하여 색칠한 입니다.

즉, 11은 으로 나타냅니다.

또, 14는 10과 4를 더한 수 이므로

, 을 더하여 색칠한 입니다.

즉, 14는 으로 나타냅니다.

# 06 컴퓨터처럼 이야기해요 2진수와 규칙

## STEP 1

정답

③

해설

스위치가 거실과 화장실 모두 꺼진 상태인 요일을 찾아야 합니다. 월요일, 목요일, 금요일은 둘 중 한 장소에 불이 켜져 있습니다. 화요일은 두 장소 모두 불이 켜져 있었습니다.
따라서 거실과 화장실 모두 불이 한 번도 켜지지 않은 날은 수요일입니다.

## STEP 2

정답

| 가로줄 | 2번 | 세로줄 | 1번 |
|---|---|---|---|

해설

다음과 같이 각 칸에 번호를 붙였습니다.

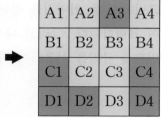

〈처음 상태〉 　　 〈현재 상태〉

가로줄, 세로줄을 뒤집는다는 것의 의미를 파악한 뒤 해결해야 하는 문제입니다.
한 줄을 뒤집으면 해당 줄에 있는 퍼즐 조각의 색이 모두 조각의 반대편에 위치한 색으로 바뀝니다. 처음 상태와 현재 상태를 비교했을 때 B2의 색이 바뀌었습니다. 색이 바뀌었다는 것은 뒤집기가 홀수 번 행해졌다는 것을 의미입니다. 만약 이 뒤집기가 가로줄 뒤집기라면 B1, B3이 B2와 다른 색이어야 합니다. 하지만 양 옆의 조각들은 B2와 같은 색입니다. 따라서 B2가 속한 세로줄에서 뒤집기가 홀수 번 행해졌다는 것을 의미합니다. 뒤집기를 가장 적게 해야 하므로 두 번째 세로줄에서 뒤집기는 1번 행해졌습니다.

| A1 | A2 | A3 | A4 |
|---|---|---|---|
| B1 | B2 | B3 | B4 |
| C1 | C2 | C3 | C4 |
| D1 | D2 | D3 | D4 |

〈그림1: 두 번째 세로줄을 1번 뒤집은 상태〉

현재 상태의 A1을 보면 그림1의 A1과 색이 다릅니다. 만약 A1이 속한 세로줄이 뒤집혔다면, B1의 색도 바뀌어 있어야 합니다. 하지만 색이 바뀐 것은 A1뿐이므로 A1이 속한 가로줄에서 뒤집기가 홀수 번 행해졌다는 것을 의미합니다. 뒤집기를 가장 적게 해야 하므로 첫 번째 가로줄에서 뒤집기는 1번 행해졌습니다.

| A1 | A2 | A3 | A4 |
|---|---|---|---|
| B1 | B2 | B3 | B4 |
| C1 | C2 | C3 | C4 |
| D1 | D2 | D3 | D4 |

〈그림2: 첫 번째 가로줄을 1번 뒤집은 상태〉

현재 상태의 C1를 보면 그림2의 C1과 색이 다릅니다. 만약 C1이 속한 세로줄이 뒤집혔다면, B1, D1의 색도 모두 바뀌어 있어야 합니다. 하지만 색이 바뀐 것은 C1뿐이므로 C1이 속한 가로줄에서 뒤집기가 홀수 번 행해졌다는 것을 의미합니다. 뒤집기를 가장 적게 해야 하므로 세 번째 가로줄에서 뒤집기는 1번 행해졌습니다.

| A1 | A2 | A3 | A4 |
| B1 | B2 | B3 | B4 |
| C1 | C2 | C3 | C4 |
| D1 | D2 | D3 | D4 |

〈그림3: 세 번째 가로줄을 1번 뒤집은 상태〉

따라서 이 퍼즐은 처음 상태에서 현재 상태로 만드는 동안 가로줄에서 2번, 세로줄에서 1번의 뒤집기가 행해졌습니다.

# 07 픽셀과 그림
숫자로 그림을 그려요

## STEP 1

정답

- 4, 2, 4
- 3, 2, 1, 1, 3
- 3, 4, 3
- 2, 2, 1, 3, 2
- 1, 8, 1
- 2, 4, 1, 1, 2
- 1, 8, 1
- 0, 3, 1, 2, 1, 3
- 0, 10
- 4, 2, 4

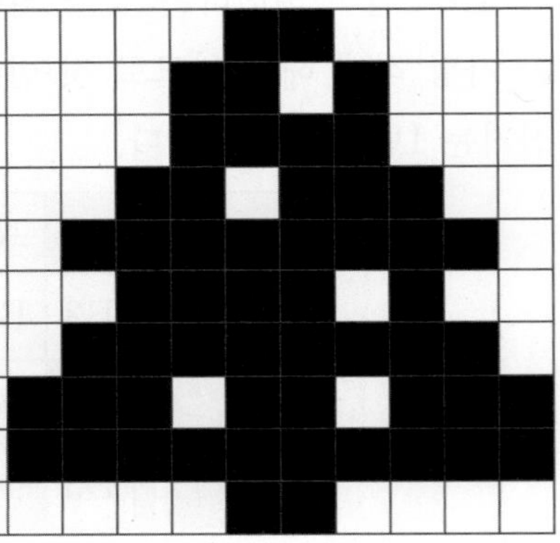

해설

규칙에 맞게 빈 칸을 색칠하는 문제입니다. 완성하면 크리스마스 트리 모양의 이미지가 나타납니다.

## STEP 2

정답

- 2, 1, 4
- 2, 1, 4
- 2, 1, 4
- 0, 5, 2
- 0, 7
- 0, 5, 1, 1
- 0, 5, 1, 1
- 0, 7
- 0, 5, 2

〈예시답안〉

제목: 강아지

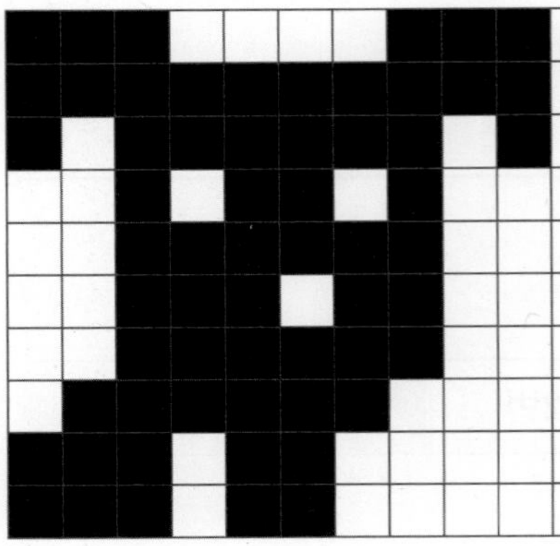

- 0, 3, 4, 3
- 0, 10
- 0, 1, 1, 6, 1, 1
- 2, 1, 1, 2, 1, 1, 2
- 2, 6, 2
- 2, 3, 1, 2, 2
- 2, 6, 2
- 1, 6, 3
- 0, 3, 1, 2, 4
- 0, 3, 1, 2, 4

해설

그리고 싶은 이미지를 정해 제목을 쓴 후 색칠하여 표현합니다. 그리고 나서 컴퓨터가 이해할 수 있도록 규칙을 이용하여 이미지를 숫자로 나타냅니다.

# 08 컴퓨터처럼 이야기해요 자연어와 수

## STEP 1

**정답**

(1, 1, 1, 0, 1, 0, 0)번

**풀이**

첫 번째 메시지와 두 번째 메시지에서 사용된 단어들의 모음집인 단어 사전으로 주어진 메시지를 분석해야 합니다.

(고구마, 농장에, 왔어, 그리고, 줄기가, 잔뜩, 엉켜있어)라는 단어가 '고구마 줄기가 너무 길어서 농장에 잘라야 한다고 말하고 왔어'에 각각 몇 번 사용되는지 파악하는 문제입니다.

주어진 메시지에서 '고구마'는 1번, '농장에'는 1번, '왔어'는 1번, '그리고'는 0번, '줄기가'는 1번, '잔뜩'은 0번, '엉켜있어'는 0번 사용되었습니다.

따라서 이를 나열하면 (1, 1, 1, 0, 1, 0, 0)번입니다.

## STEP 2

**정답**

$\bigcirc = \dfrac{1}{9}$, $\bigcirc = 0$

핵심이 되는 단어: 고구마를

**풀이**

단어 사전을 이용하여 문장 속 단어 등장 빈도를 분수로 나타내어 보는 문제입니다.

1번 문장과 2번 문장에서 사용된 단어는 고구마를, 먹는, 강아지가, 동안, 껍질을, 바닥에, 버렸어, 좋아하는, 귀엽네로 총 9가지입니다.

등장 빈도를 정리한 표를 살펴 보면, 분모에는 단어 사전에 포함된 모든 단어의 수를 넣고, 분자에는 문장에서 그 단어가 사용된 횟수를 넣은 것임

을 확인할 수 있습니다.

따라서 3번 문장에서 '강아지가'는 1번 사용되었으므로 ㉠에 들어갈 알맞은 수는 $\dfrac{1}{9}$입니다.

그리고 '바닥에'는 한 번도 사용되지 않았으므로 ㉡에 들어갈 알맞은 수는 0입니다.

또한, 1~3번 문장의 핵심이 되는 단어는 각 문장 속 단어의 등장 빈도의 합이 가장 큰 것임을 알 수 있습니다.

| 고구마를 | 먹는 | 강아지가 | 동안 | 껍질을 |
|---|---|---|---|---|
| $\dfrac{4}{9}$ | $\dfrac{3}{9}$ | $\dfrac{3}{9}$ | $\dfrac{2}{9}$ | $\dfrac{2}{9}$ |

| 바닥에 | 버렸어 | 좋아하는 | 귀엽네 |
|---|---|---|---|
| $\dfrac{1}{9}$ | $\dfrac{1}{9}$ | $\dfrac{1}{9}$ | $\dfrac{1}{9}$ |

따라서 가장 값이 큰 것은 $\dfrac{4}{9}$이므로 핵심이 되는 단어는 '고구마를' 입니다.

## 정리 시간

**1.**

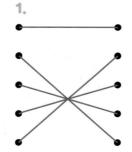

**2.**

**정답**

〈예시답안〉

**(1) 내가 컴퓨에 대해 알고 있던 것**

- 컴퓨터는 전기로 작동한다.
- 컴퓨터는 사람과 다른 방식으로 판단한다.

**(2) 내가 컴퓨에 대해 새롭게 알게 된 것**

- 컴퓨터는 0과 1이라는 숫자만 인식한다.
- 컴퓨터는 우리가 사용하는 언어도 숫자로 바꿔서 이해한다.

**(3) 내가 컴퓨에 대해 더 알고 싶은 것**

- 컴퓨터를 구성하는 장비들을 더 자세히 알고 싶다.
- 미래의 이동식 저장장치는 얼마나 큰 용량의 데이터를 담을 수 있을까 알고 싶다.
- 2진수의 뺄셈 방법도 공부해 보고 싶다.

**해설**

이 문제에는 정확한 답이 없습니다.
1단원을 학습한 후, 여러분이 직접 스스로 확인해 보는 문제입니다.

---

## 2 규칙대로 척척

### 01 규칙을 발견해요 규칙과 추상화

**STEP 1**

**정답**

정사각형

**해설**

세 장의 카드 속 그림들을 보고, 통합하여 하나의 도형을 유추*할 수 있는지 확인하는 문제입니다.
크기가 같은 네 개의 각이 있고, 길이가 같은 네 개의 변이 있으며, 직각을 포함하고 있습니다. 즉, 네 개의 각은 모두 직각입니다.
따라서 제제가 떠올렸을 도형은 정사각형입니다.
*유추: 같은 종류의 것 또는 비슷한 것에 기초하여 다른 사물을 미루어 추측하는 것(떠올리는 것).

**STEP 2**

**정답**

〈예시답안〉
1번: 부착, 붙이기, 고정하기 등
2번: 색칠, 색칠하기 등
4번: 종이, 그리기 등

**해설**

서랍 속의 물건들 사이에서 공통적인 규칙을 찾아 추상화하는 문제입니다.
1번 서랍은 붙이는 기능을 가진 물건들이 모여 있습니다. 부착, 붙이기, 고정하기 등을 이름표에 적을 수 있습니다.
2번 서랍은 색을 입힐 수 있는 물건들이 모여 있습니다. 색칠, 색칠하기 등을 이름표에 적을 수 있습니다.

4번 서랍은 서랍 속의 물건 위에 무언가를 그릴 수 있는 것이 모여 있습니다. 또한, 재료가 종이라는 공통점도 있습니다. 따라서 종이, 그리기 등을 이름표에 적을 수 있습니다.

예시답안 이외에도 서랍 속의 물건들의 공통적인 규칙을 찾아 적으면 답이 될 수 있습니다.

# 02 규칙따라 분류해요
## 규칙과 평면도형

## STEP 1

**정답**

〈예시답안〉

[공통된 속성]
- 변이 4개이다.
- 각이 4개이다.
- 꼭짓점이 4개이다.
- 4개의 꼭짓점을 선분이 이어주고 있다.

[도형의 이름]
- 사각형
- 사변형

**해설**

제시된 평면도형들이 공통적으로 가지고 있는 속성을 찾아보고, 이를 바탕으로 도형의 이름을 지어 보는 문제입니다.

## STEP 2

**정답**

〈예시답안〉

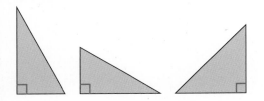

**해설**

세 번째 규칙에 의하면 네 개의 선분으로 둘러싸인 도형은 사각형이고, 사각형의 각의 크기의 합은 360°입니다. 따라서 이 도형의 각의 크기의 합은 180°임을 알 수 있으므로 이 평면도형은 삼각형입니다.

네 번째 규칙에 따르면 이 삼각형은 직각을 포함해야 합니다.

그러므로 〈규칙〉을 모두 만족시키는 도형은 직각삼각형입니다.

예시답안 이외에도 다양한 모양과 크기의 직각삼각형을 그릴 수 있습니다.

# 03 규칙따라 쑥쑥
## 규칙과 문제분할

## STEP 1

**정답**

④

**해설**

문제를 해결하기 위해 문제 상황을 분할하여 생각해 보는 문제입니다.

선생님은 우리 반 학생들의 지나친 휴대폰 사용이 눈 건강을 해치는 것에 대해 염려하고 있습니다. 문제 상황을 '학생들의 지나친 휴대폰 사용', '휴대폰 사용이 눈 건강을 해침'으로 분할할 수 있습니다.

따라서 페페는 학생들의 눈 건강 상태, 휴대폰을 가지고 있는지 여부, 휴대폰 사용 정도, 휴대폰 사용과 눈 건강과의 연관성 등의 자료를 조사할 필요가 있습니다.

학생들의 휴대폰 제조사는 페페가 수집할 자료와 연관성이 가장 낮습니다.

## STEP 2

**정답**

②

**해설**

문제 상황을 분할한 후, 해결 방법을 생각해 보는 문제입니다. 제제는 '과일을 터치하여 점수를 얻음', '원숭이를 터치하면 하트 모양의 생명을 잃음', '과일을 터치했는데 하트 모양의 생명을 잃음', '빈칸을 터치했는데 하트 모양의 생명을 잃음'과 같은 문제 상황에 놓여 있습니다.

따라서 제제가 터치한 지점에 대한 보상이 정확하게 나오게 하는 것이 문제해결의 방향입니다.

빨강색 화살표, 보라색 화살표 지점을 터치했을 때, 하트 모양의 생명이 한 칸씩 줄어든다는 것은 터치 지점이 아닌 오른쪽 한 칸 옆 지점의 원숭이가 눌러지고 있다는 것을 의미합니다.

이 문제 상황을 해결하기 위해서 제제는 터치 위치를 조절해야 합니다.

# 04 수와 규칙
규칙따라 하나둘

## STEP 1

**정답**

34개

**풀이**

피보나치 수열을 이용한 문제입니다. 피보나치 수열은 앞의 두 수를 더하면 바로 뒤의 수가 되는 규칙적인 수의 배열입니다.

1일차부터 6일차까지 사용한 USB 메모리의 개수를 순서대로 나열하면 2, 3, 5, 8, 13, 21입니다. 1일차에 2개, 2일차에 3개의 USB 메모리를 사용

했으므로 3일차에 2+3=5로 5개, 4일차에 3+5=8로 8개, 5일차에 5+8=13으로 13개, 6일차에 8+13=21로 21개의 USB 메모리를 사용했습니다.

따라서 7일차에 제제가 사용할 USB 메모리의 개수는 5일차, 6일차에 사용한 USB 메모리의 개수의 합으로 구할 수 있습니다. 즉,

13+21=34로 7일차에 사용할 USB 메모리의 개수는 34개로 추측할 수 있습니다.

## STEP 2

**정답**

927대

**풀이**

피보나치 수열의 변형인 트리보나치 수열을 이용한 문제입니다. 트리보나치 수열은 이전에 위치한 세 개의 수를 더한 값이 바로 뒤의 수가 되는 규칙적인 수의 배열입니다.

1일차부터 12일차까지 판매한 노트북의 수를 나열하면 1, 1, 2, 4, 7, 13, 24, 44, 81, 149, 274, 504입니다.

4일차의 판매량은 1+1+2=4로 4대입니다. 5일차의 판매량은 1+2+4=7로 7대입니다. 6일차의 판매량은 2+4+7=13으로 13대입니다.

이와 같은 방식으로 판매량을 구하면 13일차의 판매량은 10일차, 11일차, 12일차의 판매량의 합과 같습니다.

따라서 149+274+504=927로 13일차 노트북의 판매량을 927대로 추측할 수 있습니다.

# 05 산출 연산자와 규칙
규칙따라 척척

## STEP 1

**정답**

33

**풀이**

연산자의 우선순위를 비교하여 올바르게 계산하는 문제입니다.

페페는 왼쪽에서 오른쪽으로 순서대로 연산을 하고 있습니다. 이것은 연산자의 우선순위를 비교하지 않은 잘못된 연산입니다.

$(1+15)*2+12/6-1$에 등장하는 연산자는 ( ), $+$, $*$, $/$, $-$입니다. 이 연산자들의 우선순위를 따져보면 ( ) → $*$, $/$ → $+$, $-$와 같습니다.

따라서 다음의 순서대로 연산을 해야 합니다.

❶: $(1+15)=16$

❷_1: ❶$*2=16*2=32$

❷_2: $12/6=2$

❸: ❷_1+❷_2$=32+2=34$

❹: ❸$-1=34-1=33$

그러므로 올바른 정답은 33입니다.

## STEP 2

**정답**

계산식: $(6-2)/2+7*2$

제제가 최종적으로 가지게 된 스티커의 수: 16장

**풀이**

문제 상황을 나누어 계산식으로 정리한 뒤, 연산자의 우선순위를 비교하여 올바르게 계산하는 문제입니다.

문제 상황을 3장면으로 나눌 수 있습니다.

❶ 제제가 페페에게 스티커를 6장 선물 받았다가 다시 2장을 돌려준 것: $6-2$

❷ ❶의 스티커의 반을 동생에게 준 것:
   ❶$/2$

❸ 아버지와 어머니가 스티커를 각각 7장씩 주신 것: $7+7$ 또는 $7*2$

❷에서 먼저 계산된 ❶의 식을 사용해야 하므로 ( )를 사용하여 ❶의 식을 넣어 줍니다.

이것은 $(6-2)/2$로 표현할 수 있습니다.

❸은 ❷ 다음에 순서대로 더해져야 합니다.

따라서 ❷+❸으로 표현할 수 있습니다. 이것은 $(6-2)/2+7+7$ 또는 $(6-2)/2+7*2$로 표현할 수 있습니다. 이때 조건에서 ( ), $+$, $-$, $*$, $/$을 모두 한 번씩 사용해야 한다고 했으므로 $*$가 포함된 $(6-2)/2+7*2$가 구하는 연산식입니다.

이 식은 아래의 순서대로 연산해야 합니다.

❶: $(6-2)=4$

❷: ❶$/2=4/2=2$

❸: $7*2=14$

❹: ❷+❸$=2+14=16$

따라서 제제가 가진 스티커의 수는 16장입니다.

# 06 논리 연산자와 규칙
규칙따라 척척

## STEP 1

**정답**

7

**해설**

★ AND ☆은 ★, ☆이 동시에 참일 때만 참으로 값을 처리하므로 둘 중 하나라도 거짓이면 거짓으로 값을 처리합니다.

★ OR ☆은 ★, ☆ 중 하나만 참이어도 참으로 값을 처리하므로 동시에 거짓일 때만 거짓으로 값을 처리합니다.

**풀이**

(0.3<0.7 OR 0.458>0.46)은 (참 OR 거짓)이므로 (1 OR 0)이고 그 값은 1입니다.
(0 OR 0)은 0입니다.
(0.689<0.7 AND 0.819<0.82)는 (참 AND 참)이므로 (1 AND 1)이고 그 값은 1입니다.
(1 AND 0)은 0입니다.
(0.25>0.255 OR 0.326>0)은 (거짓 OR 참)이므로 (0 OR 1)이고 그 값은 1입니다.
따라서 구하는 값은 $1+0+1*5+0*2+1=7$입니다.

## STEP 2

**정답**

1

**풀이**

다람이가 문장을 인식한 것을 보고 규칙을 찾아야 합니다. '사과는 과일이다'의 값이 1이므로 참입니다. 또, '물고기는 물에서 살지 않는다'의 값이 0이므로 거짓입니다. '사과는 과일이고, 물고기는 물에서 산다'의 값이 1이므로 (참 AND 참), 즉 (1 AND 1)의 값은 1입니다. '사과는 과일이 아니고, 물고기는 물에서 산다'의 값이 0이므로 (거짓 AND 참), 즉 (0 AND 1)의 값은 0입니다. '사과는 과일이 아니고, 물고기는 물에서 살지 않는다'의 값이 0이므로 (거짓 AND 거짓), 즉 (0 AND 0)의 값은 0입니다.
또한, '사과는 과일이거나, 물고기는 물에서 산다'의 값이 1이므로 (참 OR 참), 즉 (1 OR 1)의 값은 1입니다. '사과는 과일이 아니거나, 물고기는 물에서 산다'의 값이 1이므로 (거짓 OR 참), 즉 (0 OR 1)의 값은 1입니다. '사과는 과일이 아니거나, 물고기는 물에서 살지 않는다'의 값이 0이므로 (거짓 OR 거짓), 즉 (0 OR 0)의 값은 0입니다.

이 인식 결과를 이용해 문제에 주어진 문장에서 얻은 값을 각각 구해 보겠습니다.
'바다에는 물이 있거나, 산에는 흙이 없다'라는 문장은 (참 OR 거짓), 즉 (1 OR 0)이므로 1의 값을 가집니다.
'삼각형은 변이 네 개이고, 사각형은 변이 네 개이다'라는 문장은 (거짓 AND 참), 즉 (0 AND 1)이므로 0의 값을 가집니다.
따라서 구하는 두 문장에서 각각 얻은 값을 더하면 $0+1=1$입니다.

# 07 패턴과 이동
규칙따라 모양따라

## STEP 1

**정답**

②

**풀이**

기본 무늬를 사용하여 문제에 주어진 패턴을 만드는 방법은 다음과 같습니다.
(오른쪽으로 1칸 밀기), (시계 방향으로 90° 돌리기 또는 아래쪽으로 뒤집기), (시계 방향으로 90° 돌리기), (시계 방향으로 90° 돌리기 또는 아래쪽으로 뒤집기)입니다.
따라서 위의 방법 모두에서 사용되지 않은 편집도구 버튼은 (시계 반대 방향으로 90° 돌리기)입니다.

## STEP 2

정답

〈예시답안〉

| | 1열 | 2열 | 3열 | 4열 | 5열 |
|---|---|---|---|---|---|
| 1행 | | | | | |
| 2행 | | | | | |
| 3행 | | | | | |
| 4행 | | | | | |
| 5행 | | | | | |

내가 사용한 규칙:

1행 1열의 칸에 기본 무늬 그렸습니다.

그리고 1행의 두 번째 칸부터 순서대로 (시계 반대 방향으로 90° 돌리기), (아래쪽으로 뒤집기), (시계 방향으로 90° 돌리기), (오른쪽으로 1칸 밀기) 편집 도구 버튼을 눌러 1행을 그렸습니다.

그리고 1행 전체를 (아래로 뒤집기) 편집도구 버튼을 사용하여 2행을 그렸습니다. 3행은 2행, 4행은 3행을 같은 방법으로 (아래로 뒤집기) 편집도구 버튼을 사용하여 그렸습니다.

마지막으로 5행은 4행 전체를 (시계 방향으로 90° 돌리기) 편집도구 버튼을 사용하여 그렸습니다.

해설

시계 방향으로 90° 돌리기, 시계 반대 방향으로 90° 돌리기, 아래쪽으로 뒤집기, 오른쪽으로 1칸 밀기 편집도구 버튼을 사용해 기본무늬를 패턴화 하는 문제입니다.

예시답안 이외에도 편집도구 버튼을 모두 활용하여 다양한 모양으로 그릴 수 있습니다.

## 08 규칙따라 모양따라 패턴과 디자인

### STEP 1

정답

②

풀이

음표의 반복 패턴을 확인하여 해결하는 문제입니다. 입력한 음표가 초록색 화살표가 가리키는 음표로 인쇄되는 규칙이 있습니다.

따라서 제시된 음표는 규칙에 따라 다음과 같이 인쇄되어 나옵니다.

### STEP 2

정답

③

풀이

손수건 속 패턴을 파악하여 해결하는 문제입니다.

8마리의 동물이 첫 번째 세트입니다. 첫 번째 세트에서 모든 동물이 나열되고 나면, 두 번째 세트에서는 첫 번째 세트에서 맨 앞에 있던 동물(토끼)이 삭제되고 팬더부터 나머지 동물들이 순서대로 나열됩니다.

세 번째 세트는 두 번째 세트에서 맨 앞에 있던 동물(팬더)이 삭제되고 개구리부터 나머지 동물들이 순서대로 나열됩니다.

마찬가지 방법으로 물음표에 들어갈 동물, 즉 다섯 번째 세트에서는 네 번째 세트에서 맨 앞에 있던 동물(양)이 삭제되고 곰부터 나머지 동물들이 순서대로 나열됩니다.

따라서 물음표에 들어갈 동물 무늬는 순서대로 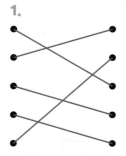입니다.

## 정리 시간

**1.**

(선 잇기 그림)

**2.**

정답

〈예시답안〉

**(1) 내가 규칙에 대해 알고 있던 것**
- 규칙은 학교에서 지켜야 하는 것이다.
- 수학에도 규칙이 있다.

**(2) 내가 규칙에 대해 새롭게 알게 된 것**
- 삼각형과 사각형에도 일정한 규칙이 있다는 것을 알게 되었다.
- 규칙을 사용하면 숫자들 사이의 비밀을 해결할 수 있다는 것을 알게 되었다.
- 디자인 속에도 규칙이 있는 것을 알게 되었다.

**(3) 내가 규칙에 대해 더 알고 싶은 것**
- 컴퓨터가 따르는 다양한 규칙을 알고 싶다.
- 생활 속에 숨어있는 다양한 수학적인 규칙들을 더 찾아보고 싶다.

해설

이 문제에는 정확한 답이 없습니다.
2단원을 학습한 후, 여러분이 직접 스스로 확인해 보는 문제입니다.

---

## 3 알고리즘이 쑥쑥

**01** 순서대로 차곡차곡
## 순서대로 생각하기

### STEP 1

정답

〈예시답안〉

(얼굴 그림)

해설

설명의 순서대로 그림을 하나씩 그립니다. 이렇게 일을 할 때 순서대로 처리하는 것을 순차구조라고 합니다.
예시답안 이외에도 설명의 순서대로 다양한 그림을 그릴 수 있습니다.

### STEP 2

정답

| 제제 | 페페 |
|---|---|
|  | |

해설

햄버거를 만들 때 아래에서부터 순서대로 재료를 쌓습니다.

제제의 햄버거는 아래에서부터 노란색(치즈) → 초록색(양상추) → 갈색(고기패티) → 빨간색(토마토) → 초록색(양상추)을 순서대로 색칠합니다.

페페의 햄버거는 아래에서부터 초록색(양상추) → 갈색(고기패티) → 노란색(치즈) → 갈색(고기패티) → 빨간색(토마토)을 순서대로 색칠합니다.

## 02 순서대로 차곡차곡 일상생활과 알고리즘

### STEP 1

정답

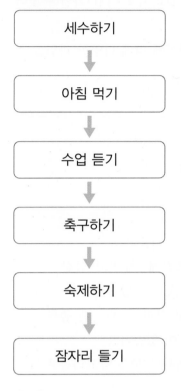

해설

그림을 잘 살펴봅니다. 제시된 단계와 하나씩 비교하여 차례로 숫자를 써 넣습니다.

### STEP 2

정답

〈예시답안〉

```
세수하기
  ↓
아침 먹기
  ↓
수업 듣기
  ↓
축구하기
  ↓
숙제하기
  ↓
잠자리 들기
```

해설

코코의 하루를 순서도로 나타냅니다.

예시답안 이외에도 그림을 제대로 설명한 것이라면 정답이 될 수 있습니다.

## 03 조건에 따라 분류해요 알고리즘과 분류

### STEP 1

정답

〈예시답안〉

(가): 사과, 앵두, 체리 등

(나): 포도, 블루베리, 자두, 오디 등

(다): 귤, 파인애플, 감, 바나나 등

해설

(가)에는 빨간색인 과일을, (나)에는 보라색인 과일을 찾아 각각 두 가지씩 씁니다. 마지막 (다)에는 빨간색도 아니고, 보라색도 아닌 과일을 찾아 쓰면 됩니다.

예시답안 이외에도 색깔에 맞게 다양한 과일을 적을 수 있습니다.

## STEP 2

정답

(가) 유리인가요?

(나) 캔인가요?

해설

순서도에서 (가)의 조건에 '예'라고 답한 것에는 유리로 만들어진 병, 잔 등이 있습니다.

(나)의 조건에 '예'라고 답한 것에는 캔 종류인 음료수 캔, 통조림 캔 등이 있습니다.

이와 같이 분리수거에서도 분류 알고리즘을 발견할 수 있습니다.

# 04 도형을 분류해요
## 도형과 알고리즘

## STEP 1

정답

(가) ㉢, ㉤

(나) ㉣

(다) ㉥

(라) ㉠, ㉡

(마) ㉦

해설

직각이란 종이를 반듯하게 두 번 접었을 때 생기는 각으로, 그 크기는 90°입니다.

㉢과 ㉤은 직각이 1개도 없고, ㉣은 직각삼각형으로 직각이 1개 있습니다. ㉥은 직각이 2개 있으며, ㉠과 ㉡은 직각이 4개 있습니다. 마지막으로 ㉦은 직각이 8개 있습니다.

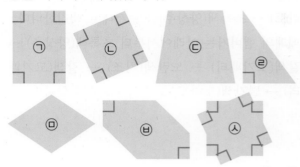

## STEP 2

정답

(가) ㉢, ㉣, ㉤, ㉥

(나) ㉠

(다) ㉡, ㉦

해설

네 각이 모두 직각이 아닌 것은 ㉢, ㉣, ㉤, ㉥입니다. 이때 ㉢은 마름모로 직각이 없고, ㉣은 직각이 3개 있습니다. 또, ㉤은 사다리꼴이고, ㉥은 평행사변형으로 직각이 없습니다.

다음으로 네 각이 모두 직각이지만 네 변의 길이가 모두 같지 않은 것은 ㉠, 즉 직사각형입니다.

마지막으로 네 각이 모두 직각이면서 네 변의 길이가 모두 같은 것은 ㉡, ㉦, 즉 정사각형입니다.

# 05 경로와 알고리즘

어떻게 갈까요?

## STEP 1

**정답**

〈예시답안〉

→→→→→↓↓↓↓↓↓↓

또는

→↓↓↓→→↓↓↓→→↓↓→

필요한 화살표의 총 개수: 12개

**해설**

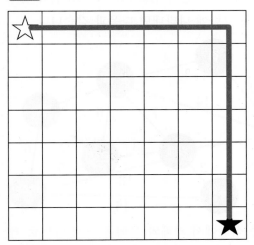

와 같은 경로를 화살표로 나타내면

→→→→→↓↓↓↓↓↓↓이 됩니다.

또는

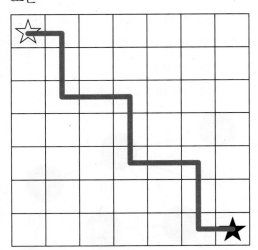

와 같은 경로를 화살표로 나타내면

→↓↓↓→→↓↓↓→→↓↓→이 됩니다.

화살표의 순서는 상관없이 →가 6개, ↓가 6개 필요합니다.

예시답안 이외에도 화살표의 개수가 같은 다양한 그림을 그릴 수 있습니다.

## STEP 2

**정답**

〈예시답안〉

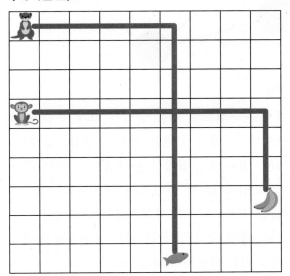

🦦 →→→→→↓↓↓↓↓↓↓↓

🐵 →→→→→→→→↓↓↓

**해설**

화살표의 순서는 상관없이 수달은 물고기에 도달하기 위하여 →가 5개, ↓가 8개 필요합니다.

또, 원숭이는 바나나에 도달하기 위하여 →가 8개, ↓가 3개 필요합니다.

예시답안 이외에도 화살표의 개수가 같은 다양한 그림을 그릴 수 있습니다.

# 06 마을을 연결해요 짧은 길과 알고리즘

## STEP 1

### 정답

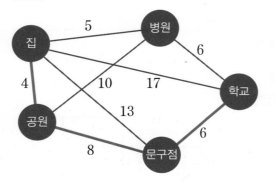

### 해설

집에서 문구점으로 가는 방법은 크게 두 가지가 있습니다. 집에서 공원을 거쳐 문구점으로 가는 방법(4+8=12), 집에서 문구점으로 바로 가는 방법(13)입니다. 이 중 공원을 거쳐 가는 방법이 더 짧습니다(12<13). 다음으로 문구점에서 학교로 가는 방법 중 가장 짧은 길은 문구점에서 학교로 바로 가는 방법(6)입니다.

## STEP 2

### 정답

(1) 집에서 놀이터를 거쳐 은행으로 갑니다.
(2) 식당에서 카페와 은행을 거쳐 마트로 갑니다.
(3) 집에서 놀이터와 은행을 거쳐 수영장으로 갑니다.

### 해설

(1) 집에서 은행으로 가는 방법은 집에서 놀이터를 거쳐 은행으로 가는 방법(8+5=13)이 가장 짧습니다.
   이것을 그림에 나타내면 다음과 같습니다.

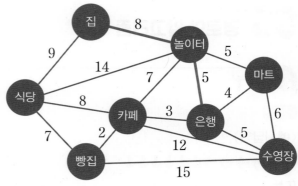

(2) 식당에서 마트로 가는 방법 중 비교해 보아야 하는 것은 식당에서 놀이터를 거쳐 마트로 가는 방법(14+5=19)과 식당에서 카페와 은행을 거쳐 마트로 가는 방법(8+3+4=15)입니다. 이것을 그림에 나타내면 다음과 같습니다.

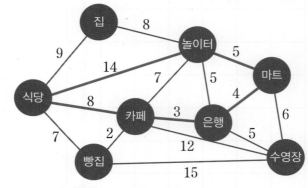

이 중 식당에서 카페와 은행을 거쳐 마트로 가는 방법이 더 짧습니다(19>15).

(3) 집에서 수영장으로 가는 방법 중 비교해 보아야 하는 것은 집에서 놀이터와 마트를 거쳐 수영장으로 가는 방법(8+5+6=19)과 집에서 놀이터와 은행을 거쳐 수영장으로 가는 방법(8+5+5=18)입니다.
   이것을 그림에 나타내면 다음과 같습니다.

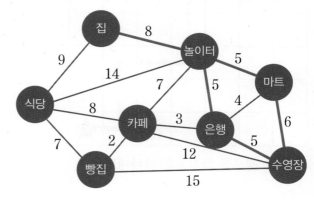

이 중 집에서 놀이터와 은행을 거쳐 수영장으로 가는 방법이 더 짧습니다(19>18).

# 07 차례대로 나열해요 무게와 알고리즘

## STEP 1

정답

멋깨비 → 핫깨비 → 힘깨비 → 먹깨비
(멋깨비 < 핫깨비 < 힘깨비 < 먹깨비)

해설

문제에서 제시된 조건대로 도깨비들의 무게를 비교하면 다음과 같습니다.

| 핫깨비 < 먹깨비 | 핫깨비 < 힘깨비 |

| 멋깨비 < 핫깨비 | 힘깨비 < 먹깨비 |

따라서 멋깨비가 제일 가볍고 그 다음 핫깨비, 힘깨비, 마지막으로 먹깨비 순으로 나열됩니다.

## STEP 2

정답

ㄹ → ㄷ → ㄱ → ㄴ → ㅁ(ㄹ>ㄷ>ㄱ>ㄴ>ㅁ)

해설

문제에서 제시된 조건대로 도깨비 방망이의 무게

를 비교하면 다음과 같습니다.

에서 노랑 방망이 2개와 파랑 방망이 3개의 무게가 같으므로 노랑 방망이가 파랑 방망이보다 더 무겁습니다.
∴ 노랑 방망이 > 파랑 방망이, 즉 ㄱ>ㄴ

에서 초록 방망이 1개와 파랑 방망이 3개의 무게가 같으므로 초록 방망이가 파랑 방망이보다 더 무겁습니다.
∴ 초록 방망이 > 파랑 방망이, 즉 ㄷ>ㄴ
이때 노랑 방망이 2개와 초록 방망이 1개의 무게가 서로 같으므로 초록 방망이가 노랑 방망이보다 더 무겁습니다.
∴ 초록 방망이 > 노랑 방망이, 즉 ㄷ>ㄱ

에서 회색 방망이 1개는 초록 방망이 1개, 파랑 방망이 1개를 합친 것보다 무겁습니다.
즉, 회색 방망이가 초록 방망이나 파랑 방망이보다 더 무겁습니다.
∴ 회색 방망이 > 파랑 방망이, 즉 ㄹ>ㄴ
   또는 회색 방망이 > 초록 방망이, 즉 ㄹ>ㄷ

에서 파랑 방망이 3개는 빨간 방망이 4개보다 무거우므로 파랑 방망이가 빨강 방망이보다 더 무겁습니다.

∴ 파랑 방망이 > 빨강 방망이, 즉 ㄴ>ㅁ

따라서 무게가 무거운 방망이부터 무게가 가벼운 방망이를 순서대로 나열하면

회색 방망이 → 초록 방망이 → 노랑 방망이 → 파랑 방망이 → 빨강 방망이

입니다. 즉, 기호로 나타내면 ㄹ → ㄷ → ㄱ → ㄴ → ㅁ입니다.

# 08 서로서로 비교해요 정렬과 알고리즘

## STEP 1

정답

7번

해설

다음과 같은 버블정렬의 과정을 통해 길이가 짧은 것부터 순서대로 한 줄로 세울 수 있습니다.

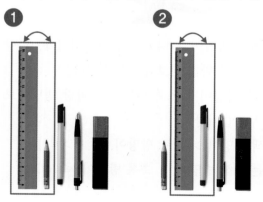

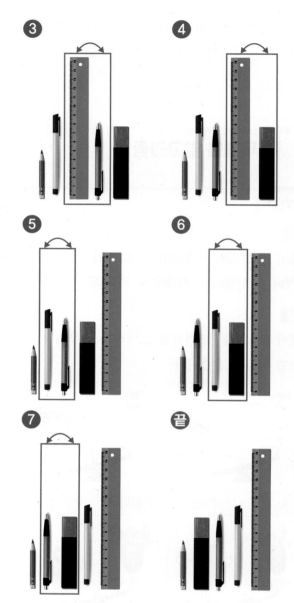

따라서 총 7번의 교환을 해야 합니다.

## STEP 2

정답

3번

해설

다음과 같은 선택정렬의 과정을 통해 키가 작은 강아지부터 순서대로 한 줄로 세울 수 있습니다.

**①**

**②**

**③**

**끝**

따라서 총 3번의 교환을 해야 합니다.

〈나만의 목욕 루틴〉
손 씻기 → 양치하기 → 세수하기 → 머리 감기 →
몸 씻기

**해설**

이 문제에는 정확한 답이 없습니다.
3단원을 학습한 후, 여러분이 직접 스스로 확인해
보는 문제입니다.

## 정리 시간

**1.**

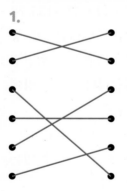

**2.**

**정답**

〈예시답안〉
〈나만의 주말 루틴〉
주말 아침 늦잠 자기 → 1시간 책 읽기 → 점심 먹
기 → 1시간 축구 연습하기 → 숙제하기 → 저녁
먹기 → 부모님과 대화하기 → 잠자리 들기

# 4 나는야 데이터 탐정

## 01 그림으로 정리해요
### 데이터와 그림그래프

### STEP 1

**정답**

(1) 141(회)

(2)

여행 동영상의 월별 조회 수

| 월 | 조회 수 |
|---|---|
| 4월 | ◎○○○○○ |
| 5월 | ◎◎◎◎ |
| 6월 | ◉◎◎◎○○○○○○○○ |
| 7월 | ●◎○○○○○○○ |
| 8월 | ●◎◎◎◎○ |

**풀이**

(1) 4월부터 7월까지의 여행 동영상의 월별 조회 수의 합은 $15+40+87+117=259$(회)입니다. 여행 동영상의 월별 조회 수의 합계가 400회 이므로 페페의 8월 여행 동영상의 조회 수는 $400-259=141$(회)입니다.

(2) 여행 동영상의 월별 조회 수를 주어진 기호에 맞게 그립니다. 그림을 가장 적게 사용하여 나타내어야 하므로 6월 여행 동영상의 조회 수의 십의 자리 수는 ◉, ◎을 이용하여 나타냅니다.

### STEP 2

**정답**

〈예시답안〉

제제의 책장에 꽂혀 있는 책

| 종류 | 동화책 | 과학책 | 위인전 | 영어책 | 합계 |
|---|---|---|---|---|---|
| 책의 수 (권) | 53 | 36 | 14 | 32 | 135 |

알 수 있는 점:

• 제제의 책장에는 동화책이 가장 많습니다.

• 제제의 책장에는 위인전이 가장 적습니다.

• 제제의 책장에 꽂혀 있는 책은 총 135권입니다.

• 제제의 책장에 꽂혀 있는 과학책과 위인전의 합 보다 동화책이 많습니다.

**풀이**

은 10권을, 은 1권을 나타내므로 자료에서 동화책, 과학책, 위인전, 영어책의 그림의 수를 세어 표에 수로 나타냅니다. 제제의 책장에 꽂혀 있는 책은 모두 $53+36+14+32=135$(권)입니다. 제제의 책장에는 동화책이 53권으로 동화책이 가장 많으며, 위인전이 14권으로 위인전이 가장 적다는 것을 알 수 있습니다. 또, 책장에 꽂혀 있는 과학책과 위인전의 합은 $36+14=50$(권)으로 동화책이 더 많습니다.

예시답안 이외에도 그림그래프를 보고 알 수 있는 점을 다양하게 서술할 수 있습니다.

# 02 데이터와 막대그래프
막대로 정리해요

## STEP 1

정답

### 컴퓨터 바탕화면에 있는 폴더 속 파일 수

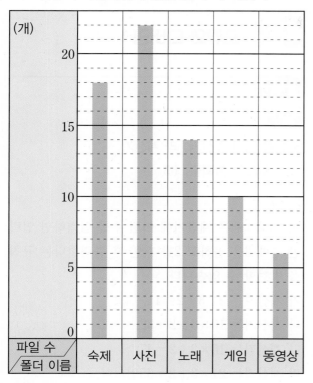

해설

막대그래프의 세로 눈금 한 칸은 $\frac{5}{5}=1$(개)를 나타냅니다. 폴더 속 파일 수에 맞게 막대로 나타내고, 막대그래프의 알맞은 제목을 씁니다.

## STEP 2

정답

### 주사위의 눈의 수별 나온 횟수

| 눈의 수 | 1 | 2 | 3 | 4 | 5 | 6 | 합계 |
|---|---|---|---|---|---|---|---|
| 횟수(회) | 8 | 5 | 16 | 9 | 7 | 15 | 60 |

### 주사위의 눈의 수별 나온 횟수

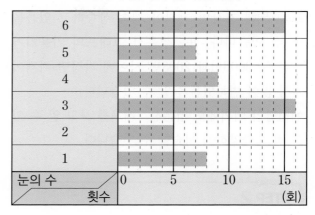

풀이

주사위의 눈의 수별 나온 횟수를 모두 더한 합계가 60회이므로 주사위의 눈의 수가 6이 나온 횟수는 $60-(8+5+16+9+7)=15$(회)입니다.

막대그래프의 가로 눈금 한 칸은 $\frac{5}{5}=1$(회)를 나타냅니다. 주사위의 눈의 수가 나온 횟수에 맞게 가로 막대로 나타내고, 막대그래프의 알맞은 제목을 씁니다.

# 03 데이터와 꺾은선그래프
데이터의 변화

## STEP 1

정답

〈예시답안〉

알 수 있는 점:

• 자장면 가격은 계속 올라가고 있습니다.

• 자장면 가격이 가장 급격하게 변화한 때는 2006년과 2008년 사이입니다.

• 2020년 자장면 가격이 2000년 자장면 가격보다 2배 정도 비쌉니다.

해설

꺾은선그래프를 읽고 해석할 수 있는지 묻는 문제

안심Touch

입니다. 자장면 가격의 변화를 나타낸 꺾은선그래프를 통해 자장면 가격이 계속 상승하고 있음을 알 수 있습니다. 또, 꺾은선 그래프의 기울기가 가장 큰 2006년과 2008년 사이에 자장면 가격이 가장 많이 변하였음을 알 수 있습니다.

예시답안 이외에도 꺾은선그래프를 보고 알 수 있은 점을 다양하게 서술할 수 있습니다.

## STEP 2

#### 정답

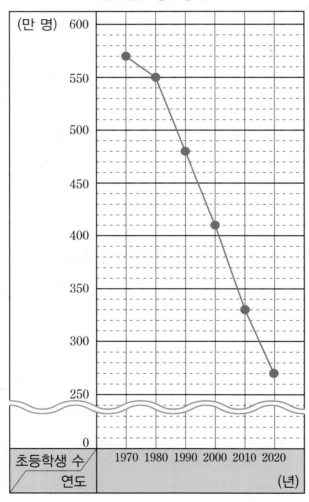

연도별 초등학생 수

#### 해설

주어진 표를 보고 연도별 초등학생 수를 꺾은선그래프로 나타냅니다. 이때, 0부터 200만 명까지는

해당하는 데이터가 없기 때문에 물결선으로 그리고, 물결선 위로 시작할 수를 정합니다.

물결선을 사용하여 데이터 값에 따른 변화를 시각적으로 잘 나타낼 수 있습니다.

# 04 오류를찾아요 오류와 디버깅 1

## STEP 1

#### 정답

오류가 생긴 계산기: 라 계산기

바르게 고친 출력값: 65

#### 풀이

이 프로그램은 계산기에 어떤 수를 입력하면 입력한 수에 3을 곱하고 2를 더한 후 출력한다는 규칙을 발견할 수 있습니다.

가 계산기는 $3 \times 3 + 2 = 11$,

나 계산기는 $10 \times 3 + 2 = 32$,

다 계산기는 $15 \times 3 + 2 = 47$,

라 계산기는 $21 \times 3 + 2 = 65$입니다.

따라서 오류가 생긴 계산기는 라 계산기이고, 바르게 고친 출력값은 65입니다.

## STEP 2

#### 정답

오류가 생긴 컴퓨터: 다 컴퓨터

바르게 출력된 도형: 

#### 해설

이 프로그램은 컴퓨터에 어떤 도형을 넣었을 때 시계 방향(또는 시계 반대 방향)으로 180° 돌린 후 출력한다는 규칙을 발견할 수 있습니다.

가 컴퓨터: 김 ↷90° ∐ ↷90° 足

나 컴퓨터: 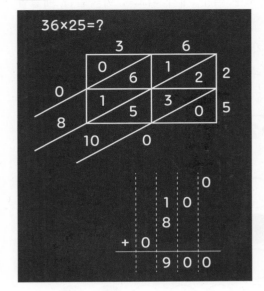 90° 90°

다 컴퓨터: 90° 90°

라 컴퓨터: 밥 90° 뜨 90° 뮵

따라서 오류가 생긴 컴퓨터는 다 컴퓨터이고, 바르게 출력한 도형은 입니다.

# 05 오류를 찾아요
## 오류와 디버깅 2

## STEP 1

정답

고장났을 가능성이 가장 높은 장치: 냉각장치
그 이유: 녹은 설탕이 제대로 굳지 못했기 때문입니다.

해설

제제와 페페가 제작한 사탕을 만드는 장치에 어떤 오류가 생겼는지 발견하는 문제입니다. 끈적끈적한 물엿과 같은 형태로 나온다는 것에서 설탕이 제대로 공급되고 있고, 가열을 통해 설탕이 잘 녹았음을 알 수 있습니다. 모양틀을 지나 냉각장치를 지났음에도 설탕이 굳지 않았으므로 냉각장치에서 고장났을 가능성이 가장 높습니다.
만약 모양틀에서 고장이 났다면 모양이 만들어지지 않은 굳은 사탕이 나올 것이기 때문입니다.

## STEP 2

정답

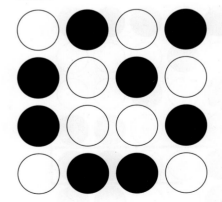

해설

격자 곱셈법을 이용한 계산 과정에서 오류를 찾는 문제입니다. 격자에 써 넣은 수에는 오류가 없지만, 마지막 결과인 0 8 10 0에서 10을 백의 자리로 받아올림하지 않은 오류가 생겼습니다.

# 06 오류는 어디에
## 오류와 패리티 비트

## STEP 1

정답

**해설**

가로줄과 세로줄의 흰색 바둑돌과 검은색 바둑돌
이 각각 모두 짝수 개가 되도록 바둑돌을 배열합
니다.

이때 추가로 배열한 7개의 바둑돌을 패리티 비트
라고 할 수 있습니다.

## STEP 2

**정답**

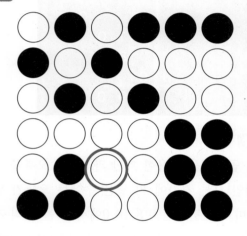

**해설**

가로줄과 세로줄에 있는 흰색 바둑돌과 검은색 바
둑돌을 각각 모두 짝수 개가 되도록 배열했으므
로, 흰색 바둑돌과 검은색 바둑돌이 홀수 개인 가
로줄과 세로줄을 찾으면 됩니다. 먼저 가로로 다
섯 번째 줄은 흰색 바둑돌과 검은색 바둑돌이 각
각 모두 홀수 개이므로 이 줄에서 한 개의 바둑돌
의 색이 바뀌었음을 알 수 있습니다.

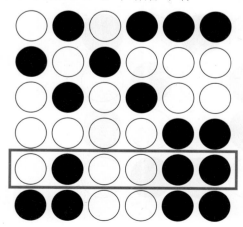

다음으로 세로로 세 번째 줄은 흰색 바둑돌과 검
은색 바둑돌이 각각 모두 홀수 개이므로 이 줄에
서 한 개의 바둑돌의 색이 바뀌었음을 알 수 있습
니다.

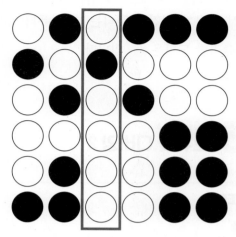

따라서 가로로 다섯 번째 줄과 세로로 세 번째 줄
이 만나는 위치에 있는 바둑돌의 색이 바뀌었음을
알 수 있습니다.

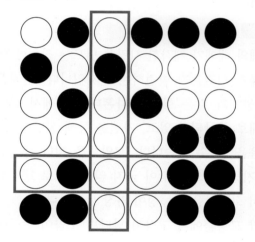

# 07 데이터를 분석해요
## 데이터와 분석

### STEP 1

**정답**

〈예시답안〉
- 지구의 기온이 올라갈수록 해양, 토지, 공기의 이산화 탄소 양이 늘어납니다.
- 지구의 기온이 올라갈 때, 공기 속 이산화 탄소 양이 토지와 해양의 이산화 탄소 양보다 많이 늘어납니다.

**해설**

주어진 막대그래프를 보고 해석할 수 있는지 묻는 문제입니다. 각 범례별로 해당하는 항목이 무엇인지 확인합니다. 먼저 파란색 막대의 경우 해양(바다) 속 이산화 탄소 양을 의미하며, 지구의 기온이 올라갈수록 파란색 막대의 높이가 조금씩 높아지고 있음을 알 수 있습니다. 다음으로 회색 막대의 경우에는 토지(땅) 속 이산화 탄소 양을 의미하며 회색 막대의 높이 또한 조금씩 높아지고 있음을 알 수 있습니다.

마지막으로 노란색 막대는 공기 속 이산화 탄소 양을 의미하며, 지구의 기온이 올라갈수록 노란색 막대의 높이가 급격하게 높아지는 것을 알 수 있습니다.

예시답안 이외에도 막대그래프를 보고 알 수 있는 점을 다양하게 서술할 수 있습니다.

### STEP 2

**정답**

〈예시답안〉
- 남자와 여자의 기대 수명은 점차 늘어나고 있습니다.
- 여자의 기대 수명이 남자의 기대 수명보다 더 높습니다.

**해설**

남자와 여자의 기대 수명에 대한 꺾은선그래프를 이해하는 문제입니다. 노란색 선으로 표시된 꺾은선그래프는 남자의 기대 수명, 파란색으로 표시된 꺾은선그래프는 여자의 기대 수명입니다. 이와 같이 꺾은선그래프는 여러 개의 자료를 한번에 나타낼 수 있습니다. 이때, 각각의 그래프를 해석할 수 있어야 합니다.

예시답안 이외에도 꺾은선그래프를 보고 알 수 있는 점을 다양하게 서술할 수 있습니다.

# 08 데이터를 표현해요
## 데이터와 시각화

### STEP 1

**정답**

35.7%　　　6.7%

**해설**

키 175cm 이상인 남녀의 비율을 인포그래픽으로 나타내는 문제입니다. 남자는 35.7%, 여자는 6.7%로, 해당하는 비율만큼 색칠합니다.

## STEP 2

정답

〈예시답안〉

해설

'나'를 주제로 다양한 키워드를 바탕으로 워드 클라우드를 만들어 보는 문제입니다.

먼저 나를 표현할 수 있는 단어인 사랑, 제제, 개발자, 초록색, 배려, 포도, 영화시청, 프로그래밍, 강아지, 로봇 등 10가지 이상을 선정합니다. 중요도에 따라 크기와 색을 다르게 하여 둥글게 덩어리 모양으로 배치합니다.

예시답안 이외에도 '나'를 표현하는 단어를 10가지 이상 선정하여 다양한 워드 클라우드를 그릴 수 있습니다.

### 정리 시간

**1.**

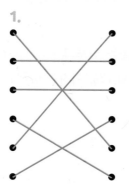

**2.**

정답

(1) 6배 정도

(2) 44만 명 (440000명)

(3) 장염 환자의 수가 2014년 4월보다 12월에 6배나 더 많아진 것처럼 보이지만, 실제로는 2배 증가했습니다. 이것은 막대그래프가 0부터 시작하지 않고 40만 명쯤부터 시작했기 때문입니다. 물결선을 사용하면 이러한 문제점을 고칠 수 있습니다.

# 5 네트워크를 지켜줘

## 01 네트워크의 세계
**네트워크와 사회**

### STEP 1

**정답**

1번: 6대, 2번: 3대, 3번: 4대

**해설**

컴퓨터와 프린터 사이의 네트워크를 파악하는 문제입니다.

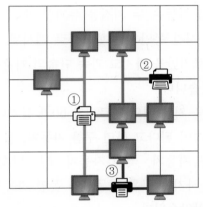

1번 프린터는 빨간색 경로를 통해 총 6대의 컴퓨터와 연결되어 있습니다.

2번 프린터는 녹색 경로를 통해 총 3대의 컴퓨터와 연결되어 있습니다.

3번 프린터는 파랑색 경로를 통해 총 4개의 컴퓨터와 연결되어 있습니다.

프린터가 컴퓨터와 연결되는 경로는 해설의 그림과 다를 수 있으나, 연결 가능한 대수는 동일합니다.

### STEP 2

**정답**

4일

**해설**

사람들 사이의 네트워크를 파악하는 문제입니다. 다음 그림과 같이 친구들의 번호를 붙입니다.

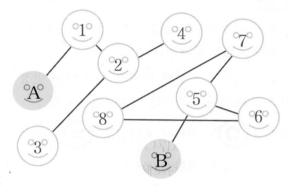

A로부터 시작하는 네트워크와 B로부터 시작하는 네트워크는 서로 연결되어 있지 않습니다. 이 두 네트워크를 분리하여 파악해야 합니다.

A로부터 시작하는 네트워크는

A−1−2−3−4 또는 A−1−2−4−3

의 순서로 사실이 알려집니다. 따라서 최소 4일이 지나면 A로부터 시작하는 네트워크의 모든 친구들이 이 사실을 알게 됩니다.

B로부터 시작하는 네트워크는

B−5−6−8 ᴸ7 또는 B−5−7−8 ᴸ6

의 순서로 사실이 알려집니다. 따라서 최소 3일이 지나면 B로부터 시작하는 네트워크의 모든 친구들이 이 사실을 알게 됩니다.

따라서 모든 친구들에게 이 사실이 알려지는 데 최소 4일이 걸립니다.

# 02 네트워크의 세계
## 네트워크와 저작권

### STEP 1

**정답**

①, ③

**해설**

기호의 의미를 파악하고, 저작물 사용에 알맞은 기호를 고르는 문제입니다.

페페가 숙제에 사용한 이미지는 '저작물 변경 허락'이라는 하나의 조건만 만족하면 됩니다.

따라서 ⓒ는 반드시 포함되고, ⚌는 포함되지 않는 기호의 조합을 고르면 됩니다.

### STEP 2

**정답**

④

**해설**

기호의 의미를 파악하고, 저작물 사용에 알맞은 기호를 고르는 문제입니다.

페페가 올린 독후감상문은 다른 사람이 사용할 때 3가지 조건을 만족해야 합니다.

첫째, 저작권자를 밝혀야 한다.

둘째, 이 독후감상문을 사용하여 돈을 벌 수 없다.

셋째, 내용을 바꿀 수 없다.

첫 번째 조건을 만족시키는 기호는 🛈, 두 번째 조건을 만족시키는 기호는 🛇, 세 번째 조건을 만족시키는 기호는 ⚌입니다.

따라서 페페의 독후감상문에는 🛈⚌🛇 가 표시되었을 것입니다.

# 03 네트워크의 세계
## 네트워크와 과속 감지

### STEP 1

**정답**

과속 단속 카메라는 자동차가 두 지점을 지날 때의 빠르기의 합이 120과 같거나 클 때부터 과속으로 판단합니다.

**해설**

과속 단속 카메라가 과속으로 판단한 들판 자동차, 나무 자동차의 공통점을 발견하고, 단속되지 않은 자동차들과의 차이점을 발견해야 합니다.

모든 자동차들은 두 지점을 통과할 때 같은 거리를 같은 시간 동안 이동했으므로 제시된 표의 주어진 빠르기만을 가지고 과속 단속의 기준을 파악할 수 있습니다.

한 지점을 지날 때의 빠르기가 60과 같거나 클 때 과속 단속이 된다고 하면 구름 자동차, 들판 자동차, 나무 자동차, 꽃잎 자동차 모두 단속되어야 합니다. 하지만 구름 자동차와 꽃잎 자동차는 단속되지 않았습니다.

들판 자동차와 나무 자동차가 두 지점을 지날 때의 빠르기의 합을 각각 구하면 122, 120입니다.

구름 자동차와 꽃잎 자동차가 두 지점을 지날 때의 빠르기의 합을 각각 구하면 119, 112입니다.

따라서 과속 단속 카메라는 자동차가 두 지점을 지날 때의 빠르기의 합이 120과 같거나 클 때부터 과속으로 판단한다는 것을 알 수 있습니다.

## STEP 2

정답

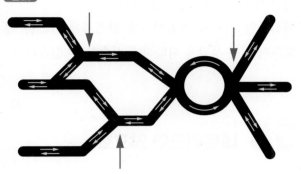

해설

자동차가 이동하는 여러 가지 경우를 생각해 본 뒤 과속 단속 카메라 설치 지점을 결정하는 문제입니다.

3대의 카메라로 여러 도로를 감시하려면 도로들이 서로 만나는 교차로에 과속 단속 카메라를 설치해야 합니다.

제시된 그림에서 교차로는 총 5군데 있습니다. 교차로의 번호를 붙이면 다음 그림과 같습니다.

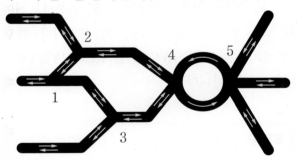

1번 교차로와 4번 교차로는 카메라 설치가 필요하지 않습니다. 1번 교차로를 지나는 차들은 2번 또는 3번 교차로에서 카메라를 만나게 되기 때문입니다.

4번 교차로가 아닌 5번 교차로에 카메라를 설치해야 하는 이유는 오른쪽 세 갈래길에서 오는 차들이 왔던 길을 되돌아가는 경우 단속을 할 수 있는 교차로가 5번이기 때문입니다.

따라서 과속 단속 카메라 3대가 설치되어야 하는 지점은 화살표로 표시한 3지점입니다.

---

# 04 네트워크의 세계
# 분류와 스팸

## STEP 1

정답

가격

해설

세 개의 광고 메시지 속에 공통으로 포함된 하나의 단어를 찾는 문제입니다.

세 개의 광고 메시지 속에서 공통적으로 포함된 단어는 가격입니다. 따라서 가격을 차단 문구로 등록하면 원하지 않는 광고 메시지를 차단할 수 있습니다.

## STEP 2

정답

2통

해설

A 포털 사이트가 불필요한 광고를 발송하는 메일을 분류하는 기준을 파악하는 문제입니다.

메일 주소, 메일 제목, 1일 메일 발송량을 살펴보고 공통된 기준을 발견해야 합니다.

10일에 제제에게 도착하지 못한 메일들은 아래의 특징을 2가지씩 가지고 있습니다.

첫째, 메일 주소에 'ad'가 포함되어 있다.

둘째, 메일 제목에 '가격'이 포함되어 있다.

셋째, 1일 메일 발송량이 200통보다 많거나 같다.

3가지 중 1가지 특징만 가지고 있는 메일은 페페에게 정상적으로 도착했습니다.

11일에 온 메일을 살펴 보겠습니다.

2@ad.com에서 온 메일은 메일 주소에 'ad'가 포함되어 있고, 메일 제목에 '가격'이라는 단어가 포함되어 있습니다.

3@ad.com에서 온 메일은 메일 주소에 'ad'가 포함되어 있고, 1일 메일 발송량이 248통으로 200통보다 많습니다.

4@nm.com에서 온 메일은 메일 제목에 '가격'이라는 단어가 포함되어 있고, 1일 메일 발송량이 200통으로 200통과 같습니다.

따라서 1@gg.com, 5@up.com에서 온 2통의 메일이 페페에게 도착할 메일입니다.

# 05 보안의 세계 기술과 개인정보 보호

## STEP 1

정답

④

해설

비밀번호를 만드는 규칙을 지킨 비밀번호를 찾는 문제입니다.

①과 ③은 jeje라는 제제의 영어 이름이 포함되어 있으므로 사용할 수 없습니다.

②에서는 98, ⑤에서는 0908이라는 생일과 관련된 숫자가 포함되어 있으므로 사용할 수 없습니다.

따라서 ④는 규칙을 만족하므로 비밀번호로 사용할 수 있습니다.

## STEP 2

정답

〈예시답안〉

1. 다른 사람들이 이미 알고 있는 나의 이름이나 생년월일이 비밀번호에 들어가지 않게 한다.

2. 1234와 같이 연속하는 숫자는 넣지 않는다.

3. 영어와 숫자를 섞어서 비밀번호를 복잡하게 만든다.

해설

비밀번호를 안전하게 만들기 위해 할 수 있는 방법을 생각해 보는 문제입니다.

예시답안 이외에 비밀번호를 안전하게 만드는 데 도움이 되는 생각을 다양하게 서술할 수 있습니다.

# 06 보안의 세계 네트워크와 암호화

## STEP 1

정답

RCUUYQTF

해설

ABCDEF가 CDEFGH로 표현된 것에서 규칙을 찾습니다. 제시된 표의 윗줄에 있는 알파벳이 아랫줄에 있는 알파벳으로 바뀌는 규칙을 찾을 수 있습니다.

P는 아랫줄에 위치한 알파벳이 R, A는 C, S는 U, W는 Y, O는 Q, R는 T, D는 F입니다. 따라서 개미들은 PASSWORD를 RCUUYQTF로 바꾸어 표현합니다.

## STEP 2

정답

UGEHMLWJ

해설

주어진 표에서 알파벳들이 나열된 규칙을 찾아야 합니다.

표의 첫 번째 줄은 A부터 Z까지의 알파벳이 순서대로 나열되어 있습니다.

표의 두 번째 줄은 위의 알파벳들이 오른쪽으로 8칸씩 이동했습니다.

즉, C는 U, O는 G, M은 E, P는 H, U는 M, T

는 L, E는 W, R는 J입니다. 따라서 개미들은 COMPUTER를 UGEHMLWJ로 바꾸어 표현합니다.

# 07 네트워크와 복호화
보안의 세계

## STEP 1

**정답**

CODING

**해설**

가로와 세로의 번호를 이용하여 문제에 제시된 표에서 알파벳을 찾는 문제입니다.

두 자리의 수에서 십의 자리 숫자는 가로, 일의 자리 숫자는 세로의 번호를 의미합니다.

13은 가로 1번째 줄과 세로 3번째 줄이 만나는 문자 C를 의미합니다.

35는 가로 3번째 줄과 세로 5번째 줄이 만나는 문자 O를 의미합니다.

14는 가로 1번째 줄과 세로 4번째 줄이 만나는 D를 의미합니다.

24는 가로 2번째 줄과 세로 4번째 줄이 만나는 I를 의미합니다.

34는 가로 3번째 줄과 세로 4번째 줄이 만나는 N을 의미합니다.

22는 가로 2번째 줄과 세로 2번째 줄이 만나는 G를 의미합니다.

따라서 제제가 생각한 단어는 CODING입니다.

## STEP 2

**정답**

THINK

**해설**

복호화의 방법을 파악하여 원래의 단어를 찾는 문제입니다.

**STEP 1**의 방법을 거꾸로 적용하면 21은 가로 2번째 줄과 세로 1번째 줄이 만나는 F, 43은 가로 4번째 줄과 세로 3번째 줄이 만나는 R, 42는 가로 4번째 줄과 세로 2번째 줄이 만나는 Q, 32는 가로 3번째 줄과 세로 2번째 줄이 만나는 L, 35는 가로 3번째 줄과 세로 5번째 줄이 만나는 O입니다. 즉, 21 43 42 32 35는 FRQLO가 됩니다. FRQLO는 **STEP 2**에서 표의 두 번째 줄에 쓰여져 있는 변환된 알파벳 값이므로, 원래의 단어는 FRQLO와 대응되는 표의 첫 번째 줄 속 알파벳을 찾으면 됩니다. F는 T, R는 H, Q는 I, L은 N, O는 K입니다.

따라서 21 43 42 32 35가 나타내는 원래의 단어는 THINK입니다.

# 08 네트워크와 암호시스템
보안의 세계

## STEP 1

**정답**

④

**해설**

힌트에 적혀 있는 비밀번호의 규칙은 상자에 적혀 있는 수의 각 자릿수에 1씩 더한 네 자리의 수가 비밀번호가 되는 것입니다.

2에 1을 더하면 3, 3에 1을 더하면 4, 5에 1을 더하면 5, 6에 1을 더하면 7입니다.

따라서 1번 상자의 비밀번호는 3467입니다.

## STEP 2

**정답**

①

**해설**

힌트에 적혀 있는 비밀번호의 규칙을 찾아야 합니다.
힌트 1에서는 **STEP** 1에서 구한 숫자를 그 차례에
해당하는 알파벳으로 먼저 바꿔야 합니다.

| 1 | 2 | 3 | 4 | 5 | 6 | 7 | 8 | 9 | 10 |
|---|---|---|---|---|---|---|---|---|----|
| A | B | C | D | E | F | G | H | I | J |

| 11 | 12 | 13 | 14 | 15 | 16 | 17 | 18 | 19 | 20 |
|----|----|----|----|----|----|----|----|----|----|
| K | L | M | N | O | P | Q | R | S | T |

5678의 경우 5번째 알파벳인 E, 6번째 알파벳인
F, 7번째 알파벳인 G, 8번째 알파벳인 H로 바꿉
니다. 그 다음 알파벳을 왼쪽으로 한 칸씩 앞에
위치한 알파벳으로 바꿉니다. 즉, EFGH는 DEFG
가 됩니다. 따라서 2번 상자의 비밀번호는 DEFG
입니다.

힌트 2에서는 힌트 1번에서 얻은 DEFG를 알파
벳 순서 상 숫자로 바꿔야 합니다. D는 4번째, E
는 5번째, F는 6번째, G는 7번째 알파벳입니다.
즉, 3번 상자의 비밀번호는 4567입니다.

이와 같은 방법으로 페페가 2번 상자와 3번 상자
의 비밀번호를 순서대로 구해야 합니다.

**STEP** 1에서 구한 비밀번호는 3467입니다. 힌
트 1에서 3467을 CDFG로 바꾼 뒤, 왼쪽으로 한
칸씩 이동하면 BCEF가 됩니다. 즉, 2번 상자의
비밀번호는 BCEF입니다.

힌트 2에서 BCEF는 각각 2, 3, 5, 6번째 알파벳
에 해당합니다. 즉, 3번 상자의 비밀번호는 2356
입니다.

따라서 2번 상자와 3번 상자의 비밀번호를 각각
순서대로 나열하면 BCEF, 2356입니다.

## 정리 시간

**1.**

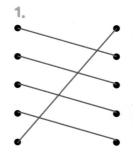

**2.**

**정답**

〈예시답안〉

(1) 네트워크에 대해 내가 알고 있던 것
  • 네트워크라는 단어는 컴퓨터와 관련된 단어
    라는 것을 알고 있었다.
  • 그물을 뜻하는 net이라는 단어와 일을 뜻하
    는 work는 알고 있었다.

(2) 네트워크에 대해 내가 새롭게 알게 된 것
  • 전자장치들을 서로 연결하는 네트워크라는
    개념에 대해 처음 알게 되었다.
  • 아이디가 네트워크에서 나를 나타내는 신분
    증과 같은 역할을 한다는 것을 알게 되었다.
  • 스팸은 맛있는 음식인 줄 알았는데, 원하지
    않는 광고 연락이라는 또 다른 뜻이 있다는
    것을 알게 되었다.

(3) 네트워크에 대해 내가 더 알고 싶은 것
  • 네트워크들 사이에서 정보가 어떻게 전달되
    는지 그 방법에 대해 자세히 알고 싶다.
  • 나의 개인정보뿐만 아니라 네트워크를 안전
    하게 지킬 수 있는 방법을 알고 싶다.

**해설**

이 문제에는 정확한 답이 없습니다.
5단원을 학습한 후, 여러분이 직접 스스로 확인해
보는 문제입니다.

# 좋은 책을 만드는 길
# 독자님과 함께하겠습니다.

도서 및 동영상에 궁금한 점, 아쉬운 점, 만족스러운 점이
있으시다면 어떤 의견이라도 말씀해 주세요.
시대교육은 독자님의 의견을 모아 더 좋은 책으로 보답하겠습니다.

## www.sdedu.co.kr

수학이 쑥쑥! 코딩이 척척!
# 초등코딩 수학 사고력 **2단계**(초등 3~4학년)

| | |
|---|---|
| **초 판 발 행** | 2022년 01월 05일 (인쇄 2021년 11월 11일) |
| **발 행 인** | 박영일 |
| **책 임 편 집** | 이해욱 |
| **편 저** | 김영현 · 강주연 |
| **편 집 진 행** | 이미림 |
| **표지디자인** | 박수영 |
| **편집디자인** | 양혜련 · 곽은슬 |
| **발 행 처** | (주)시대교육 |
| **공 급 처** | (주)시대고시기획 |
| **출 판 등 록** | 제 10-1521호 |
| **주 소** | 서울시 마포구 큰우물로 75 [도화동 538 성지 B/D] 9F |
| **전 화** | 1600-3600 |
| **팩 스** | 02-701-8823 |
| **홈 페 이 지** | www.sdedu.co.kr |
| **I S B N** | 979-11-383-0951-6 (63410) |
| **정 가** | 16,000원 |

# 수학이 쑥쑥! 코딩이 척척! 초등코딩 수학 사고력 시리즈

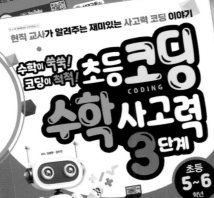

**수학을 기반으로 한 SW 융합 학습서**

**초등 SW 교육과정 완벽 반영**

**언플러그드 코딩을 통한 흥미 유발**

**초등 컴퓨팅 사고력 + 수학 사고력 동시 향상**

**백석윤** 서울교육대학교 수학교육과 교수 ☆☆☆☆☆

〈수학이 쑥쑥! 코딩이 척척! 초등코딩 수학 사고력〉은 수학적 능력의 핵심에 해당되는 수학적 문제해결력을 요즘의 수학 학습 트렌드인 코딩 활동과 접목시켜 한층 심화 · 확장된 초등 수학의 창의적 학습을 가능케 하는 신개념의 창의사고력 학습 교재입니다. 어렵게 느껴질 수도 있는 코딩과 수학의 요소들을 학생들의 눈높이에 맞춘 친절하고 충실한 설명으로 제시하고 있습니다. 특히, 학생들 스스로 충분한 이해를 수반하는 학습이 가능하도록 치밀하게 구성되어 있다는 점이 돋보입니다. 트렌드에 맞는 주제를 접목시켜 학생들의 사고력 향상의 기틀을 다져줄 본 교재를 높은 신뢰감과 함께 적극 추천합니다.

**박만구** 서울교육대학교 수학교육과 교수 ☆☆☆☆☆

미래는 인공지능을 기반으로 한 자동화 시대가 될 것입니다. 이를 위해 미래를 살아갈 학생들에게 수학 사고력과 컴퓨팅 사고력을 기반으로 하여 최적의 판단을 할 수 있는 비판적 사고력을 길러 주는 것이 필수적입니다. 이 책에서 제시한 소재들은 교과서에서는 접하기 쉽지 않은 것들로, 학생들이 호기심을 가지고 수학과 컴퓨터의 작동 원리를 이해하도록 하면서 비판적 사고력을 기르는 데 도움을 줄 것입니다.

수학이 쑥쑥! 코딩이 척척! 초등코딩 수학 사고력 2단계 CODING

현직 교사가

알려주는

재미있는

사고력 코딩

이야기

## 영재성검사 창의적 문제해결력 ⓒ
### 모의고사 시리즈

· 영재성검사 기출문제
· 영재성검사 모의고사 4회분
· 초등 3~6학년, 중등

## 수학이 쑥쑥! 코딩이 척척!
### 초등코딩 수학 사고력 시리즈

· 초등 SW 교육과정 완벽 반영
· 수학을 기반으로 한 SW 융합 학습서
· 초등 컴퓨팅 사고력 + 수학 사고력 동시 향상
· 초등 1~6학년, 영재교육원 대비

## Ⓔ AI와 함께하는
### 영재교육원 면접 특강

· 영재교육원 면접의 이해와 전략
· 각 분야별 면접 문항
· 영재교육 전문가들의 연습문제

## Ⓓ 스스로 평가하고 준비하는
### 대학부설 · 교육청
### 영재교육원 봉투모의고사 시리즈

· 영재교육원 집중대비 · 실전 모의고사 3회분
· 면접가이드 수록
· 초등 3~6학년, 중등

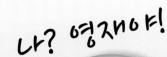